AI 디지털 교과서 시대가 궁금해요!

그럼, 인공지능
IQ는 얼마지?

감 수 **키와키타이치**(고치대학 이공학부 준교수)
지은이 **야마구치유미**(공학박사)
감 수 **김재휘**(공학박사)

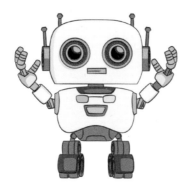

주니어골든벨

AI가 노동시장을 잠식한다!?

"이 책을 읽는 여러분들의 미래에는 일자리 대부분이 AI가 대체되는 사회로 변할 겁니다."

인간의 속성은 탄생부터 현재 그리고 미래를 예측하고 싶어합니다. 특히나 새로운 2000년대를 맞으면서 '노스트라다무스'의 예언이 있어, 세상 사람들을 당혹하게 만들기도 했었잖아요? 지금에서 돌아보면 말도 안 되는 일이었으니까

2045년 어느 날, 지속적인 디지털 기술 성장으로 인간의 문명을 뛰어넘는 특이한 날(Singularity)라는 가상 세계에서는 인공지능(AI)이 바로 그 주인공이라는 겁니다. "AI가 인간을 능가한다!?" 라는 말은 요 몇 년 사이에 들불처럼 번지고 있습니다.

그럼 AI라는 것이 도대체 뭘까요?
AI를 알고 친하게 되면, 우리들의 학습 효과의 편이성은 배가 되고 창작의 아이디어를 동반한 편리한 세상으로 갈 수 있다는 거지요.
물론 무조건 긍정적인 측면만 있는 것은 아니라는 의견도 있습니다.

특이한 날(Singularity)이 언제 올지 확실하지 않지만, 인간의 일자리 대부분은 AI로 대체되고, 소수 플랫폼 소유주를 제외하면, 저임금 노동자만 남을 것이라는 예측입니다.

우리 모두 AI와 함께 무서울 정도로 빠른 변화의 파도에 몸을 맞닥뜨리며, 그 기초부터 단단하게 알아보는 시간을 가져보자구요.

AI의 세계로 들어가 보자!

다현이를 닮은 시와 캐릭터

달에서 내려온 천사처럼 빛나는 머릿결
햇살에 빛나며 파랗게 물든 색깔
그녀의 세계는 현실과 꿈을 넘나드네.
크리스탈처럼 선명하게 깜빡거리는 도시의 거리
그녀 눈에 비치는 세계는 그저 여러 가지 색깔의 판타지

그런 그녀는 앞머리로는 감출 수 없는 천진한 표정과 함께
비밀스러움을 간직하고 있다네.
그녀 마음속에는 달이 준 선물 같은 친절함이 있지만,
때로는 친절함을 보여주지 않으려고 하네.

그녀는 천사처럼 화사한 날개를 달고서
미지의 세계로 날아다니네.
그녀의 마음은 마치 바람같이 자유롭게
언제나 새로운 모험의 세계로 나아가네.

민수의 시

오빠가 직접 짓고 그렸다고?
와, 너무 멋진데~!!

민수가 선물한 그림

진짜 오빠가 한 거야?
오빠한테 이런 재능이 있을 줄이야!!
맨날 컴퓨터만 좋아한다고
생각했거든.

앗, 들켰나!
사실은 이거 전부 다
AI가 만든 거야!

진짜 서프라이즈는 이거야.
짜잔~!!
성능을 높인 AI 봇이야!!

NEW

다현아 안녕! 오랜 만이야~
생일 추카해~!!

아, 오빠가 만든
환영해 주는 로봇!!
여전히 에러가
조금 있는 말투데?

예전의 AI 봇

다현아,
AI 는 번개처럼 빠르게 발전해 왔어!

AI 가 하는 일이란 ?

머리가 좋아져서
문장을 읽을 수 있고,
쓸수도 있지!

이상한 사람도
구분할 수 있어!

그림도 그릴 수
있다구!

난 앞으로 축구선수도
될 수 있을 거야!

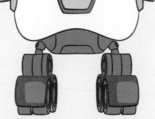

에엣?!
전에는 AI 로봇이 간단한 말이나
길 안내 밖에 못했는데!

그 말을 기다렸지!
물론 알기 쉽게 설명해
줄게~

오빠! AI가 점점 궁금해지네,
더 알려줘~!

책을 쉽게 보는 법

① 알아야 할 주제는 한 눈에 들어오도록...

② 이해하기 힘든 건 일러스트로 충족

포인트 ▶ AI의 특징을 직감적으로 이해할 수 있다!

③ 주제 파악은 똑똑한 설명 풀이

포인트 ▶ 재미나게 이야기를 풀어 이미지가 떠오르게

④ 본문 내용을 일러스트로 보충

포인트 ▶ 적절한 일러스트가 주제의 이해력을 높이는데 짱!

여기서 등장하는 특별한 캐릭터

민수

컴퓨터와 AI에 푹 빠진 중학생. AI봇의 아버지

다현

새로운 일이나 재미있는 일을 아주 좋아하는 초등학생. 민수 여동생

AI봇

민수가 만든 도우미 AI 로봇. AI 로봇을 줄여서 'AI봇' 이라는 애칭으로 부른다.

제1장 AI(Artificial Intelligence)가 뭐지?

제2장 AI는 어떻게 똑똑해질까?

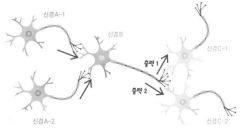

제3장 AI의 고급기술이란?

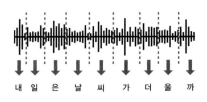

제4장 AI를 둘러싼 세계

제5장 눈부시게 진화하는 AI

제6장 AI를 직접 사용하고, 찾아보자!

제7장 AI와 함께하는 미래의 모습은?

우리에게
맡겨

특별부록 미래의 세계를 그려보자

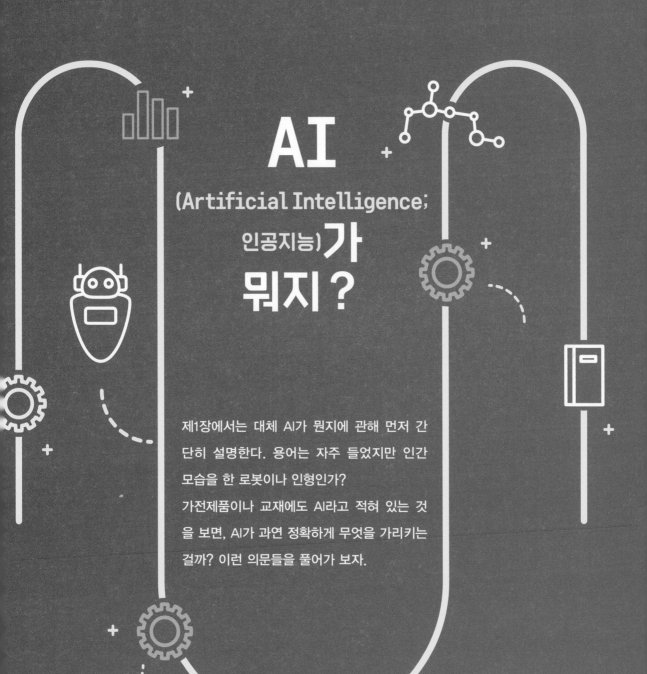

AI
(Artificial Intelligence; 인공지능)가 뭐지?

제1장에서는 대체 AI가 뭔지에 관해 먼저 간단히 설명한다. 용어는 자주 들었지만 인간 모습을 한 로봇이나 인형인가?

가전제품이나 교재에도 AI라고 적혀 있는 것을 보면, AI가 과연 정확하게 무엇을 가리키는 걸까? 이런 의문들을 풀어가 보자.

도대체 AI(인공지능)가 뭘까?

봇, 내가 만드는 장치에 가장 좋은 부품이 뭐가 있을까?

좋은 부품! 맡겨둬, 찾아봐 줄게!

봇, 라면 좀 끓여 줄래?

미안, 요리는 아직 못해 …

미안~

뭐든지 다 할 수 있는 건 아니구나!

AI봇이 알고 있을 때는…

AI봇이 모를 때는…

●○○ 인공지능 = AI 는 생각을 하면서 작업해 준다.

요즘은 인공지능, 즉 AI(Artificial Intelligence의 약자)라는 말을 자주 듣는다. 그럼 인공지능이나 AI 는 무슨 뜻일까? 사실은 인공지능과 AI는 같은 말이다(인공지능=AI). 한 가지 의문을 해결했다. 예를 들면 청소 로봇은 장애물 있는 곳은 피하면서 돌아다닌다. 스마트폰의 음성지원 기능은 '여기서 가까운 카페는?'하고 물어보면, '3군데가 있습니다' 라고 답한다. 이렇게 인간을 대신해 (=인공) 생각하면서(=지능을 가지고 있으면서) 작업하는 것처럼 보인다고 해서 인공지능이라고 하는 것이다.

AI는 크게 강한 AI(=Strong AI)와 약한 AI(=Weak AI)가 있다. 강한 AI란 인간 능력과 동등하거나 그 이상의 능력을 가진 AI를 말한다. 약한 AI란 인간의 능력을 따라오지 못하는 AI를 말한다. 여러분의 엄마처럼 밥을 짓고, 방을 청소하고, 상담해 주는 그런 AI는 아직 없다. 지금 세상에 있는 AI는 아직 인간을 추월하지 못하는 약한 AI다.

AI 중에는 이런 것도 있다!

약한 AI(현재의 모든 AI)

레벨1

간단하게 작동하는 AI
예: 온도를 조절하는 에어컨이나 냉장고

사람이 있으니까 시원하게 해야지~

레벨2

다양하게 작동하는 AI
예: 청소 로봇, 스마트폰의 음성 지원

벽에 부딪쳤네. 옆으로 돌아서 가야지~

레벨3

학습하는 AI
예: 장기(체스)나 바둑 등을 할 수 있는
게임 소프트웨어

저번에는 말을 움직여서 졌으니까…

오늘은 말을 뒤로 돌려서…

레벨4

판단하는 AI
예: 자율주행 자동차, AI 로봇

앞쪽에 정체 중이니까 천천히 가야겠다.

GPS 포착!

나도 레벨4에 해당하지~

전방 센서 체크

이것들이 다 AI야~

미래에는…

강한 AI

굉장해! 강한 AI 는 인간능력을 훨씬 뛰어넘을 거 같은데!

요리도 가능합니다!

24개 언어를 말할 수 있죠!

오른손으로 계산하면서 동시에 왼손으로는 그림을 그릴 수도 있습니다!

AI는 무엇으로 만들어졌지?

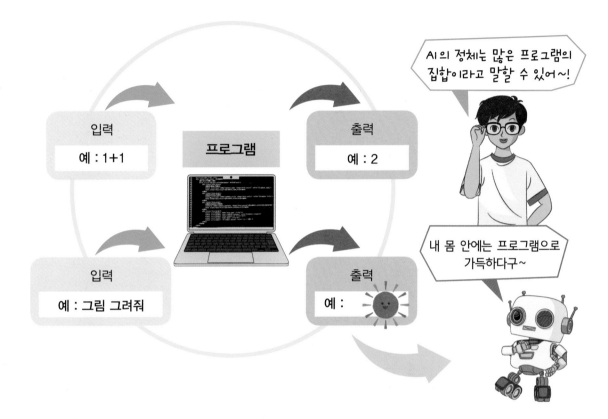

AI의 정체는 많은 프로그램의 집합이라고 말할 수 있어~!

내 몸 안에는 프로그램으로 가득하다구~

입력
예 : 1+1

프로그램

출력
예 : 2

입력
예 : 그림 그려줘

출력
예 :

● ○ ○   많은 프로그램을 모아서 만든 것이 AI!

인간은 눈과 귀, 손발 등등 많은 감각기관을 가지고 있다. AI는 인간의 감각기관 대신에 많은 프로그램으로 구성되어 있다. 많은 프로그램이 다들 각자의 일을 하면서, 크게는 하나로 움직이는 것이 AI이다.

여러분은 프로그래밍 소프트웨어로 스크래치(Scratch)나 비스킷(Viscuit) 같은 프로그래밍 소프트웨어를 사용해본 적이 있나?

흥미가 더 있다면 파이썬(Python) 같은 소프트웨어를 사용해본 사람도 있을 것이다. 어떤 소프트웨어든 뭔가 명령(입력)을 넣으면 뭔가가 움직인다(출력된다). 내가 생각한 대로 움직여 주는 것을 만드는 게 프로그래밍의 목적이었다.

예를 들어 덧셈을 하는 프로그램에서 1+1이라고 입력했을 때, 2가 출력되면 프로그램은 성공이다. AI라고 하면 뭔가 굉장히 어려운 분야처럼 느껴지지만, 속을 잘 들여다보면 간단한 프로그램들이 집약되어 하나의 거대하고 복잡한 프로그램을 이루고 있다고 생각하면 된다.

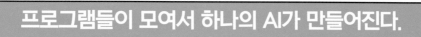

프로그램들이 모여서 하나의 AI가 만들어진다.

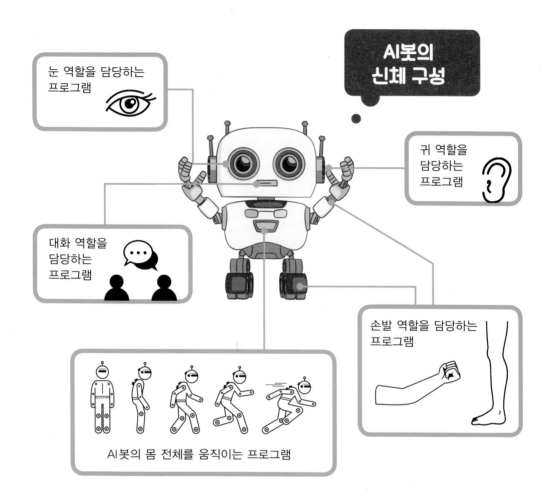

AI봇의
신체 구성

눈 역할을 담당하는
프로그램

귀 역할을
담당하는
프로그램

대화 역할을
담당하는
프로그램

손발 역할을 담당하는
프로그램

AI봇의 몸 전체를 움직이는 프로그램

프로그램들이 모여서 하나의
AI 봇이 만들어지는 거지~

AI 프로그램이 사람으로 치면
감각기관 같은 역할을 하는데,
사실은 이 그림보다 더 많은
프로그램들이 정밀하게 들어가
있다는 거네!!

다현아, 정답이야~
나도 인간처럼 세포같이
조그만 프로그램부터,
손발 같이 큰 프로그램들로
구성되어 있거든!

AI는 왜 필요한가?

AI 는 사람을 돕기 위해서 만들었다.

지금까지 인간이 해오던 것을 AI에게 맡기는 이유가 뭘까? 거기에는 몇 가지 이유가 있다.

먼저 AI는 AI만이 잘 할 수 있는 일이 있다. 그것도 인간이 하는 것보다 훨씬 빠르고 정확하게 할 수 있다.

예를 들어 공항에서 여권 사진을 검사할 때, AI에게 맡기면 순식간에 여권사진 속에 있는 사람인지 아닌지를 판단해 준다. 인간이 여권사진과 눈앞에 있는 사람을 보면서 비교하는 것보다 빠르게 판단하기 때문에 일이 빨리 진행되는 것이다.

그밖에도 인간이 분석하기에는 데이터가 너무 많거나 복잡해서 다루기 힘든 것들을 AI한테 맡기면 빨리 분석해 준다.

날씨나 지진 · 해일 예측 등, 신속함이 요구되는 분야에서 특히 도움이 된다. 물론 일상생활에서도 많이 사용한다. AI가 들어간 가전제품을 사용하면, 시간이 절약된다. AI가 적용된 게임이나 애완 로봇과 놀면서 즐길 수도 있다.

AI가 하는 역할

인간이 작업하는 것보다 빠르게 작업한다.

AI가 얼굴을 인식

인간이 작업하는 것보다 빠르게 작업한다.

AI가 지진을 예측

인간 생활을 풍요롭게 해준다.

AI 펫과 논다.

AI 청소기가
청소를 해준다.

집에서 사용되고 있는 AI ①

스마트폰뿐만 아니라 청소나 요리까지 가능♪

스마트폰의 음성지원은 우리가 자주 접하는 편리한 AI 기능이다. 사실 우리는 다양한 AI 기능을 사용하고 있다.

먼저 거실부터 살펴보자!

바로 생각나는 건 역시나 청소로봇이다. 정해진 시간이 되면 자동으로 움직여 방 구석구석을 청소해 준다. 청소할 때마다 방 배치를 기억했다가 벽이나 소파를 피해 다닌다. 스마트 스피커는 얘기를 걸면 음악을 틀어준다거나 인터넷으로 쇼핑을 해주기도 하고, 집 조명을 켜고 꺼주기도 한다.

에어컨은 거실에 사람이 있는지 없는지를 파악해, 온도를 조절해 준다. 인터넷과 연결된 냉장고나 전기밥솥은 IoT 가전제품으로 불릴 정도다. 냉장고는 안에 있는 재료로 어떤 요리를 할 수 있는지 알려주고, 전기밥솥은 쌀 종류에 맞춰서 최적의 온도로 조절해 준다.

AI가 내장된 가전제품 종류

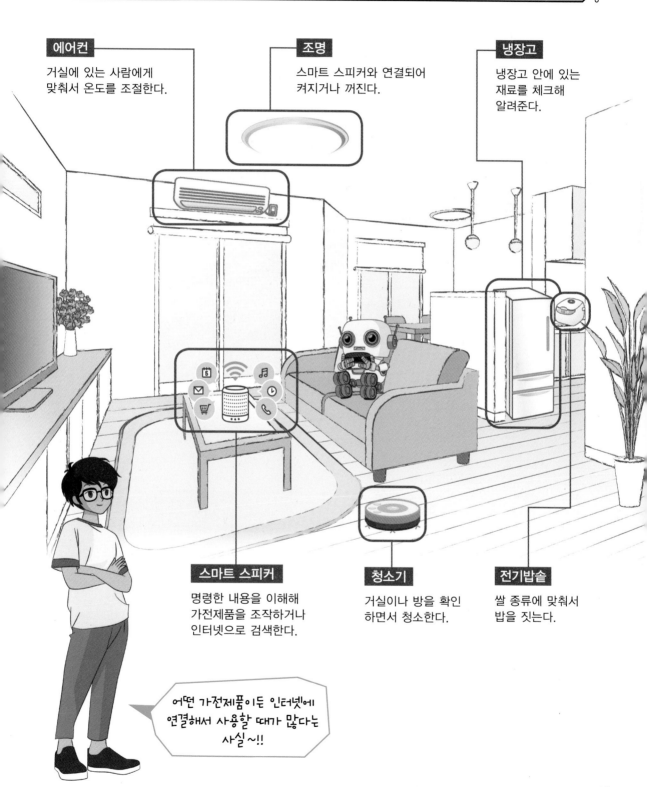

에어컨
거실에 있는 사람에게 맞춰서 온도를 조절한다.

조명
스마트 스피커와 연결되어 켜지거나 꺼진다.

냉장고
냉장고 안에 있는 재료를 체크해 알려준다.

스마트 스피커
명령한 내용을 이해해 가전제품을 조작하거나 인터넷으로 검색한다.

청소기
거실이나 방을 확인 하면서 청소한다.

전기밥솥
쌀 종류에 맞춰서 밥을 짓는다.

어떤 가전제품이든 인터넷에 연결해서 사용할 때가 많다는 사실~!!

집에서 사용 되고 있는 AI ②

지금까지는 몰랐는데 세탁기 옆에 AI 버튼이 있었네!

세탁기는 물론이고 아기까지 돌봐주는 AI

AI는 게임기나 컴퓨터 게임 소프트웨어에도 들어가 있다. 게임 캐릭터는 스스로 성장해 가면서 강해지기도 한다. 그러다 보면 상대를 이기기 힘들어서 고전했던 적도 있을 것이다. AI가 키워준 상대이기 때문일지도 모른다.

베이비 모니터는 아기가 누워있는 침대를 지켜보다가 다른 방에 있는 엄마한테 '아기가 잠들었어요', '아기가 기침을 하고 우는 것 같아요'하고 알려준다.

돌봄 기능이 있는 AI는 멀리 사는 할아버지나 할머니 모습을 지켜볼 때도 도움을 준다.

세탁기에도 당연히 AI가 들어가 있다. 세탁물 양이나 오염상태를 체크해 자동으로 세제나 유연제를 넣고 세탁해 준다.

주위를 잘 살펴보면 어느 샌가 이렇게 AI 기능이 적용된 가전제품이 많다는 사실을 깨닫게 될 것이다.

아이 방이나 화장실에서 사용하는 AI

베이비 모니터
스마트폰을 통해
아기 모습을 엄마한테
보여준다.

게임
캐릭터가 주인공(플레이어)
움직임에 맞춰서 다르게
움직인다.

목욕실 온도조절기
목욕물 받거나 온도
등을 자동으로 조절해
준다.

세탁기
세탁물 양이나 오염
상태에 맞춰서 세제와
세탁방법을 결정한다.

튜링 테스트와 워즈니악 테스트

 AI의 정체는 프로그램의 집합이라고 했는데, 그렇다면 어디까지가 기계고(단순한 프로그램이고) 어디까지가 AI일까?
 여기서는 유명한 테스트 방법 2가지를 살펴보자.

튜링 테스트(Turing Test) AI인지, 기계(단순한 프로그램)인지를 판정하는 테스트

 사람이 상대를 보지 못하는 상태에서 기계나 인간 어느 한 쪽과 대화를 한다고 치자. 대화하는 상대가 기계였을 때 '상대는 인간이다'라고 생각하도록 만들었다면, 그 기계를 AI로 판정한다. 즉, 기계라는 사실을 알지 못하게 했을 만큼 인간처럼 대화가 가능하면 합격이다.

워즈니악 테스트(Wozniak Test) 강한 AI인지, 약한 AI인지를 판정하는 테스트

 어떤 AI가 처음 방문한 집에서 그 집 주인에게 커피를 끓여줄 수 있다면 강한 AI로 판정한다. 인간이라면 어렵지 않게 할 수 있지만, 집 구조나 물건들이 어디 있는지도 모르는 집에서 AI가 커피를 끓이는 것은 결코 쉽지 않을 만큼 난이도가 높은 테스트이다.

제2장

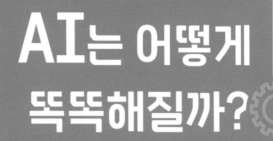

AI는 어떻게
똑똑해질까?

AI도 인간처럼 처음부터 똑똑한 건 아니고,
학습(공부)을 하면서 똑똑해진다.
제2장에서는 AI가 어떤 식으로 학습하고 똑똑
해지는지에 관해 살펴보자.
AI의 본질을 이해할 수 있을 것이다.

기계학습 ❶
지도학습

가르쳐 주는 선생님이 있으니까 학습이 되는 거네!

AI봇! 이건 토끼야~

이건 토끼가 아냐~

선생님이 답을 알려주면서 학습시킨다.

AI는 「기계학습」이라는 방법으로 공부하면서 똑똑해진다. 기계학습은 몇 가지 종류가 있는데, 유명한 것들을 살펴보겠다.

먼저 선생님이 가르쳐주는 학습방법(지도학습)이다.

이 학습방법(지도학습)은 AI에게 정답이 있는 문제를 알려주면서 학습시키는 방법이다. 정답인지 아닌지 확인해 가면서 AI에게 그 차이를 학습시키는 것이다.

예를 들어 '이것은 토끼인가?'라는 문제를 내주고 문제를 풀 때까지 학습시키는 식이다. 그때 여러 종류의 토끼와 그렇지 않은 동물 사진을 보여주면서 '이건 토끼지만, 이쪽은 토끼가 아니야'하고 AI에게 가르쳐 준다.

더 많은 사진을 보여주면서 반복 학습 과정에서 AI는 토끼의 특징을 이해해 나간다. AI가 똑똑해질 때까지 정답을 계속 알려주기 때문에 선생님이 가르쳐주는 학습이라고 말하는 것이다. 많은 사진을 보고 공부한 다음에는, 정답이 없는 사진을 보여줘도 AI가 토끼인지 아닌지 스스로 판단할 수 있는 능력을 가지게 된다.

○ 표시로 토끼란 걸 알려주고,
× 표시로 토끼가 아닌 동물 사진을
많이 보여준다.

먼저 정답이 있는
문제를 학습해 보자.

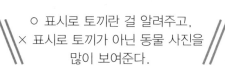

음음, 사진을 많이
보니까 공부가 되네!

학습이 진행될수록 토끼와
다른 동물을 분류할 수
있게 되지!!

이제 알겠어~.
토끼하고 토끼가 아닌 동물을
구분할 수 있게 됐어!

몸
크
기

귀 크기

그렇게 공부를 하면 그 다음부터는
○나 ×를 표시해주지 않아도
스스로 어떤 게 토끼인지,
어떤게 토끼가 아닌지를
구분할 수 있게 되는 구나!

AI봇! 이건 뭐야?

토끼지~!!

※그래프: 분류는 이미지

25

기계학습 ❷
비지도 학습

● ● ●   AI가 스스로 특징을 학습하는 방식

선생님이 있는 학습과 달리 선생님이 없는 학습은 답 없이 공부하는 방법(비지도 학습)이다.

선생님이 학습시켜 준 것처럼 토끼에 관해 학습시킨다. 비지도 학습때는 보여주는 사진에 답이 없기 때문에 몇 장을 보여줘도 AI는 쉽게 알지 못한다. 하지만 답이 없는 사진이라도 많이 보면서 자체적으로 학습하다보면 점점 특징을 파악하게 되고, 그것이 쌓이다 보면 분류가 가능해진다.

'오! 귀가 쫑긋 서 있는 종류도 있고 접혀 있는 종류도 있구나' 또는 '하얀 종류나 새까만 종류도 있네' 하는 식으로 특징에 따라 토끼를 구분해 낸다.

AI가 특징을 파악해 분류할 때 그런 성능이 우리 인간에게 무엇이 좋으냐면, 인간이 잡아내지 못하는 수준의 특징 차이를 파악할 가능성이 있기 때문이다.

한 가지 사례를 들면, 인간이 똑같다고 분류한 토끼를 AI는 두 가지로 분류한 적이 있었다. 두 가지 토끼를 자세히 비교해 보았더니 수컷과 암컷 차이였다. 인간은 차이를 몰랐지만 AI는 그 차이를 파악할 수 있다는 사실을 증명해준 사례다.

비지도 학습

기계학습 ❸
강화 학습

게임을 계속 반복하면서 순위를 높이는 것하고 비슷해~

처음 한 거는 그럭저럭이네!

우와~ 순위가 올라갔네!

지금까지 최고득점이야~ 해냈네~

반복학습을 통해 목표에 접근

　기계학습에는 선생님이 있고 없는 학습방법 외에, 강화학습이라는 것이 있다. 강화학습은 목표를 정하고 거기에 접근해 가도록 반복적으로(시행착오) 학습시키는 방법이다.

　일단은 AI에게 무조건 행동을 시킨다. 행동한 결과가 목표한 것과 가까워졌는지, 아니면 멀어졌는지를 판단해 목표에 가까운 결과가 나오는 방법을 선택해 나간다. 그것을 반복하다보면, 언젠가는 목표에 도달하게 되는 것이다.

　예를 들어 AI봇에게 슈팅 게임을 강화학습 방식으로 시켰다고 치자. 처음에는 게임 규칙만 알려줄 뿐, 어떻게 하면 높은 점수를 받을 수 있는지를 알려주지 않는다. 하지만 반복적으로 같은 게임을 하다보면, 점점 높은 점수를 얻게 된다. 그러면서 마지막에는 가장 높은 점수를 얻는 방법을 AI봇 스스로가 익히게 된다.

　인간이 같은 문제를 가지고 몇 만 번을 반복하기는 쉽지 않다. 하지만 AI한테 그런 반복적인 학습은 아무 것도 아니다. 인간이 이전보다 좋은 결과를 내려고 할 때 AI는 큰 도움이 될 수 있다.

1 처음에는 무조건 도전해 본다.

2 나쁜 점수가 나오면 같은 방식으로 플레이하지 않는다.

3 방식을 바꿔서 반복해서 플레이하다 보면 점수가 올라간다.

4 점점 최고 점수를 노리게 된다.

인간의 뇌를 모방한 인공 신경망 ①

인공 신경망의 기본은 인간의 뇌

기계학습에는 신경망을 사용하는 방법도 있다. 신경망(뉴럴 네트워크=Neural Network)이란 인간의 뇌 구조를 말하는데, 이것을 인공적으로 만들어낸 것을 인공 신경망이라고 한다. 인간의 뇌는 신경(뉴런=Neuron)이라는 세포에서 나온 시냅스(Synapse)끼리 연결되어 정보를 주고받는다. 자주 사용하는 시냅스는 커지고 자주 사용하지 않는 시냅스는 작아지면서 필요한 정보를 효율적으로 주고받는다.

인공 신경망은 인간의 뉴런 움직임을 흉내 낸 프로그램이다. 다음 페이지 그림은 시냅스 크기를 입력되는 선의 굵기로 나타낸 것이다. 인공 신경망에서는 입력되는 굵기를 비중이라고 말한다. 인공 신경망으로 정보가 들어가면, 비중(굵기)에 맞게 계산한다. 계산한 정보는 다음 인공 신경망으로 전달되는 구조로 되어 있다. 인공신경끼리 연결된 것을 인공 신경망이라고 부른다.

우리는 토끼 사진을 봤을 때 바로 토끼라고 알 수 있다. 이것이 '시냅스가 크다 = 비중이 큰 상태다'라고 말할 수 있다. 주머니쥐 사진을 봤을 때, 쥐인지 토끼인지 바로 알아보지 못할 때는 '시냅스가 작다 = 비중이 작은 상태다'라고 말한다.

인간의 신경

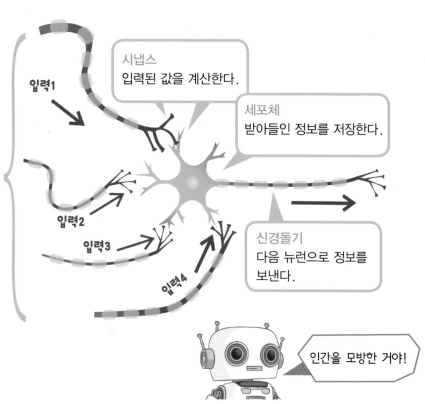

다른 신경에서 전달받은 정보가 들어온다.

입력1

입력2

입력3

입력4

시냅스
입력된 값을 계산한다.

세포체
받아들인 정보를 저장한다.

신경돌기
다음 뉴런으로 정보를 보낸다.

인간을 모방한 거야!

인공 신경

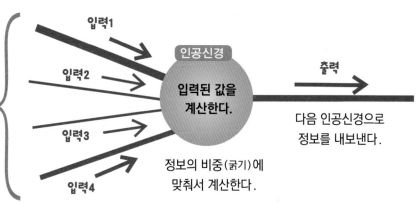

다른 인공신경에서 전달받은 정보가 들어온다.

입력1

입력2

입력3

입력4

인공신경
입력된 값을 계산한다.

정보의 비중(굵기)에 맞춰서 계산한다.

출력
다음 인공신경으로 정보를 내보낸다.

자주 사용하는 정보통로는 굵어지고 그렇지 않은 곳은 얇아지는 식이구나.

이 비중이 중요한 포인트야!~

AI의 학습구조

인간의 뇌를 모방한 인공 신경망 ②

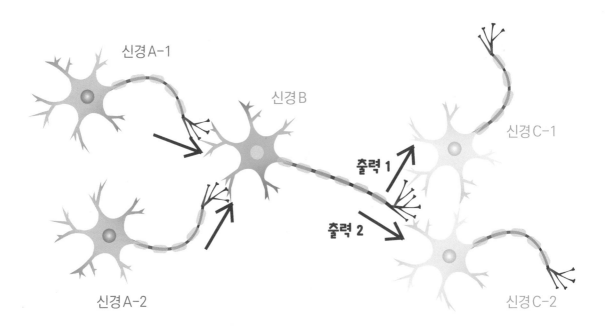

신경A-1

신경B

신경C-1

출력 1

출력 2

신경A-2

신경C-2

●○○   인공 신경이 서로 연결된 것이 인공 신경망이다!

   그림의 신경B를 보면서 자세히 알아보자. 신경은 서로 연결되어 정보를 주고받으면서 하나의 망(네트워크)을 만든다. 여러 개의 신경A로부터 신경B로 정보가 들어가고 거기서 다시 여러 개의 신경C로 정보가 전달된다.

   인공 신경망도 마찬가지로 다수의 인공신경이 연결된 구조로 되어 있다.

   다음 페이지 그림은 인공 신경망을 간단히 표현한 그림이다. ○가 하나하나의 인공신경이고, 입력층은 정보를 건네주는 신경A의 집합체다. 은닉층은 정보를 계산하는 신경B의 집합체로, 층 안에서 계속해서 정보를 넘겨준다. 그리고 출력층은 정보를 받아들이는 신경C의 집합체다.

   이해하기 어려울지 모르지만 인간의 뇌를 흉내 내서 이런 식으로 인공신경끼리 연결해 망을 만든 인공 신경망이다.

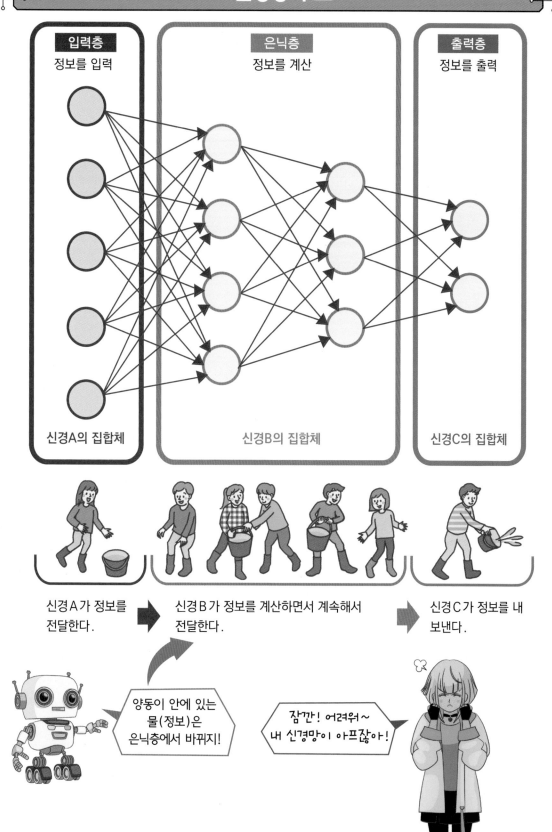

두뇌 작동 방식을 모방한 딥러닝 ①

시봇, 이건 뭐야?

토끼!

아닌데~, 그럼 이건?

토끼!

정답~, 그럼 다음.
이건 뭘까요~?

토끼!

딩동댕~, 또 정답이야.
그럼 이건?

귀가 길면
토끼였는데,

귀가 짧은거 보니까
토끼는 아닌 것 같은데!

특징을 이해하면서 비중을 더 준다!

신경망에서 기계학습을 하는 것을 딥러닝(심층학습=Deep Learning)이라고 한다. 딥(deep)=깊게, 러닝(learning)=배운다는 뜻으로, 은닉층에서 확실하게 배우고 있는 모습을 나타낸 말이다.

예를 들어 딥러닝을 통해 AI한테 토끼를 학습시킨다고 치자. 입력층에서 많은 토끼와 고양이 사진을 보여주면서 두 가지를 구분하도록 학습시킨다.

처음에는 토끼를 모르기 때문에 출력층에서 '이것이 토끼다'하고 나오는 답은 틀린 답이 훨씬 많다. 여기서 물러서지 않는 것이 AI의 놀라운 점이다. 대답을 조회해 가면서 오답을 줄이려면 어떻게 해야 할지를 생각하고 은닉층에서 계산방법을 수정한다. 여기서 등장하는 것이 비중이 다. 인간의 뇌처럼 시냅스가 커지는 대신에 AI는 비중을 준다.

귀가 긴 동물은 비중을 높이고, 귀가 짧은 동물에게는 비중을 줄여서, 토끼의 특징에 점점 반 응할 수 있는 분류로 바꿔 나가는 것이다.

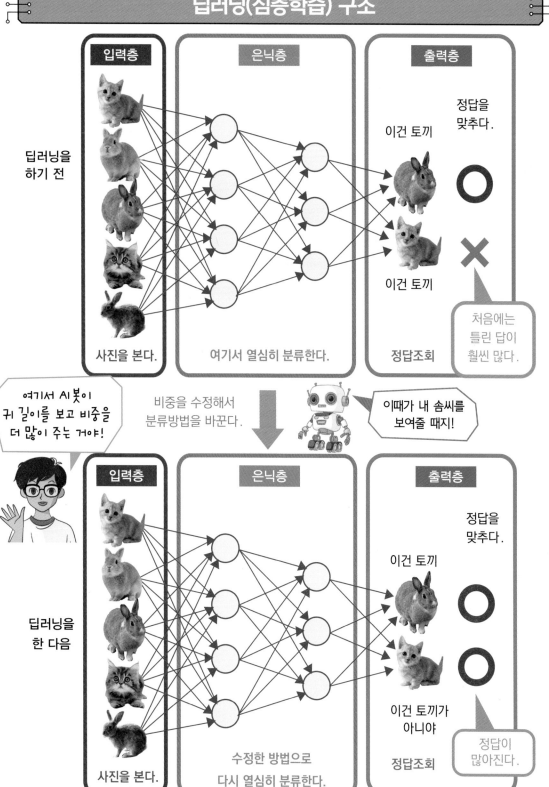

두뇌 작동 방식을 모방한 딥러닝 ②

계산영역이 적으면 대략적인 특징만 이해하는 거지!

가로 선(−)이 8천개고 세로 선(|)이 5천개네!

인공신경 층이 적을 때

인공신경 층이 많을 때

긴 귀에, 검은 눈, 갈색 털이네!

계산영역이 많으면 자세히 학습할 수 있는 거야~!!

●○○○ 인공신경이 많은 층을 이루고 있어서 똑똑해지는 것이다 !

은닉층에서 왜 인공신경이 몇 겹이나 되는 층을 이루고 있을까?

그것은 인간의 뇌 구조를 흉내에고 있다는 점에서 해답을 찾을 수 있다.

인간은 토끼를 봤을 때 순간적으로 '토끼'라고 바로 아는 것처럼 보이지만, 사실은 신경 속에서 몇 가지 정보가 이동하면서 토끼라고 판단한다.

신경 하나로 어려운 것을 전부 다 이해할 수는 없기 때문에, 계속 신경을 지나가면서 복잡한 일을 차근차근 이해하는 것이다.

인공 신경망에서도 비슷한 과정이 일어난다. 인공신경을 지나갈 때마다 복잡한 특징을 이해하는 것이다.

인공신경을 지나가면서 토끼인지 아닌지 판단하는데, 중요한 특징에는 비중을 높이기 위해서 비교와 수정을 반복하면서 학습한다.

그런 과정을 통해 정답 확률도 점점 높아진다.

은닉층에 층이 많은 이유

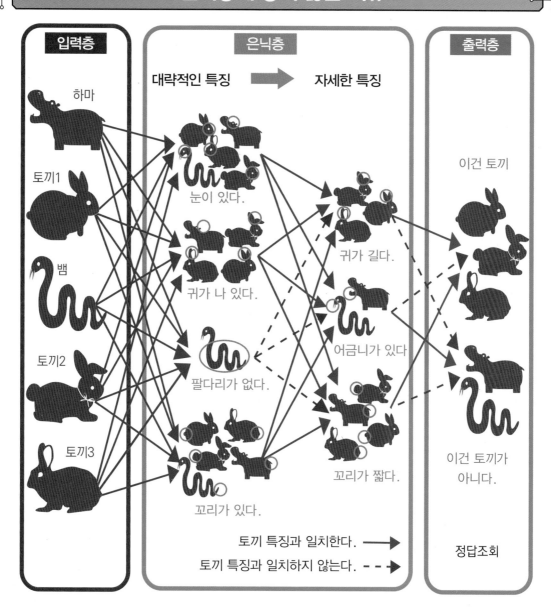

입력층

은닉층

출력층

대략적인 특징 ➡ 자세한 특징

하마

토끼1

뱀

토끼2

토끼3

눈이 있다.

귀가 나 있다.

팔다리가 없다.

꼬리가 있다.

귀가 길다.

어금니가 있다

꼬리가 짧다.

이건 토끼

이건 토끼가
아니다.

정답조회

토끼 특징과 일치한다. ➡

토끼 특징과 일치하지 않는다. ┅➤

극단적으로 특징이
다른 동물 사례로
설명한 거야!

토끼로 분류한 건 실선 화살표로,
그 외 토끼로 분류하지 않는 건
점선 화살표로 비중을 달리해서
구분하는 거지~!!

두뇌 작동방식을 모방한 딥러닝 ③

토끼 하면 어떻게 떠올라?

초콜릿!

유원지!

왜 그렇게 떠오른 거야?

글쎄, 은닉층 쪽에 물어봐야지.

거의 다 이런 반응이야~. 옆에서 봐도 왜 그런 생각이 떠올랐는지 대부분은 모를걸!

그냥 떠오른 건데!

○○○　AI의 은닉층은 아주 복잡한 영역이다!

알쏭달쏭하던 AI 구조가 조금은 눈에 들어왔을 것이다.

인간의 뇌를 흉내 낸 프로그램들끼리 서로 연결된 것이 AI다!

여기서 또 다른 의문이 생긴다. AI는 인간이 만든 프로그램 집합체인데 왜 스스로 생각하는 것처럼 보일까?

그것은 은닉층의 망이 아주 복잡하기 때문이다. 물론 인간이 만들었기 때문에 속을 잘 들여다보면, 어디에 비중을 두고 해답을 찾았는지 알 수 있다. 하지만 체크해야 할 은닉층이 너무 많아서, 프로그램을 만든 사람조차도 찾아내지 못할 만큼 어려운 일이다. 그래서 AI가 내놓는 해답이 정답일지라도, 어떻게 정답을 이끌어냈는지는 추적하기가 쉽지 않다.

AI에 관해 이 정도로 설명하는 것도 쉽지 않으니까, 친구들한테 자랑해 보면 어떨까~!!

은닉층이 AI를 불가사의하게 만든다!

입력층	은닉층	출력층
정보를 입력	정보를 계산	정보를 출력

여기서 어떤 비중을 어떻게
주면서 정답을 찾아가는지
파악하기는 쉽지 않다.

이것은 토끼   정답 조회

이건 토끼가 아님

답은
맞는다.

AI가 생각하는게
미지의 영역처럼 느껴지는 건
은닉층 때문이야!

그렇구나, 머릿속이 마치
다른 공간 같은 거구나~

사실은…

오늘은 다현이 아이돌
사진집을 숨겨놓을까~
후훗

만화 영화에 등장하는 AI

애니메이션이나 만화, 게임 같은 데는 로봇이나 AI가 많이 등장한다. 만화영화가 예측한 미래에는 어떤 AI가 있는지 살펴보겠다.

공각기동대 STAND ALONE COMPLEX

2030년의 미래. AI는 당연히 인간과 같이 살아간다. 인간 또한 신체 일부 또는 전체를 기계화하는 기술이 일반화된다.

인간이나 기계 모두, 하나의 망(Net)으로 연결된 세계에서는 네트를 매개로 복잡한 범죄도 일어난다. 이런 사이버 범죄를 단속하는 공안 9과(수상 직속의 특수 실행 부대) 이야기를 다룬 만화영화다. 시리즈물도 있고, 특이한 날(Singularity)이 올 것으로 예측되는 2045년이 무대가 된 이야기도 있다.

사이코 패스 PSYCHO-PASS

2112년 미래. 인간의 모든 정보가 기록·관리되는 세계가 펼쳐진다.

AI가 좋은 인간인지, 아닌지를 수치로 나타내는데, 통칭 사이코패스라고 부르는 지표로 인간을 평가한다. 수치에 기초해서 치안을 지키는 주인공에 관한 만화영화다. 만화영화뿐만 아니라 만화책으로도 나왔다.

니어 오토마타 NieR:AUTOMATA

5012년 지구. 에일리언이 만든 기계생명체가 인간을 멸망시키려고 한다. 소수의 인간은 달로 도망간 뒤, 안드로이드 병사와 함께 반격을 시작한다.

기계생명체와 안드로이드 사이의 전투에서 안드로이드는 오랫동안 고전을 면치 못한다. 인간은 최종병기로 신형 안드로이드 부대를 지구로 보낸다. RGP게임이 원작이다.

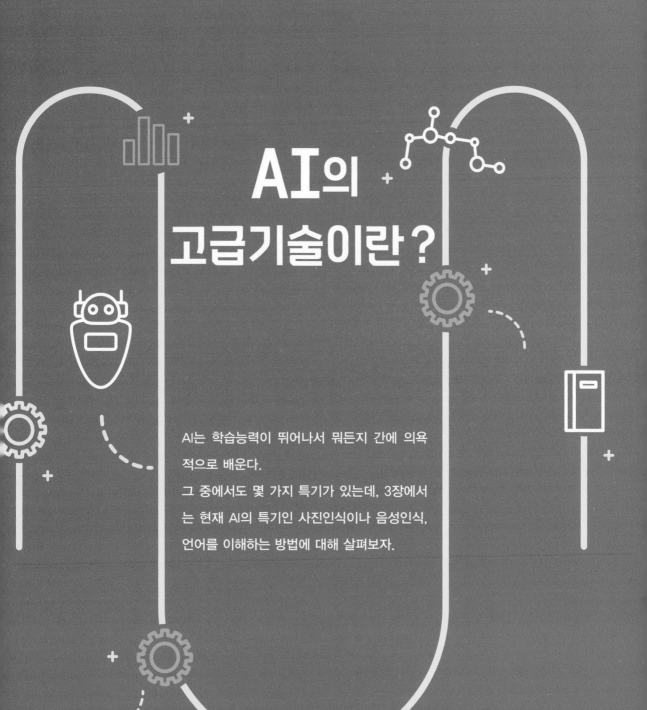

제3장

AI의
고급기술이란?

AI는 학습능력이 뛰어나서 뭐든지 간에 의욕
적으로 배운다.
그 중에서도 몇 가지 특기가 있는데, 3장에서
는 현재 AI의 특기인 사진인식이나 음성인식,
언어를 이해하는 방법에 대해 살펴보자.

사진인식은 빠르고 정확하게

인간의 뇌처럼 사진을 이해하는 AI

스마트폰으로 찍은 사진을 가지고 사진 검색을 해본 적이 있나요?

자신이 찍은 사진 1장을 선택하면, 자신의 다른 사진도 순식간에 검색해 보여준다. 언제 촬영한 사진인지 기억이 안 나도 AI가 바로 찾아준다. AI의 사진인식은 매우 빠르고 정확한 편이다. 물론 여기서도 인간의 뇌를 흉내 내, 사진을 인식한다. 인간은 간단한 정보부터 시작해 점점 복잡한 정보를 분석하면서 사진을 인식하는데, AI도 마찬가지라는 뜻이다.

예를 들어 인간과 토끼, 식물이 찍힌 사진을 보여주었다고 하자.

일단은 청색과 녹색, 갈색 등등의 색 정보부터 분석한다. 이어서 둥근 모양, 기다란 모양 등등 대략적인 형상 정보를 분석한다. 더 나아가 둥근 것이 인간의 얼굴인지, 토끼 얼굴인지 학습이 끝난 데이터를 바탕으로 분석한다. 마지막에는 인간이 2명, 토끼가 1마리 식으로 판단하고, 인간은 그것이 누구인지도 맞출 수 있다.

사전에 많은 사람의 사진을 학습해 놓는다는 점이 핵심!

1 찾으려고 하는 인물의
   사진을 학습한다.
   먼저 색부터 본다.
   청색, 녹색, 갈색…

청색, 녹색, 갈색…

2 대략적인 모양을 본다.

생물의 눈이 다 해서 6개,
얼굴 같은 것이 3개…

인간의 특징과 맞는
모양이 2개네!

3 인간의 특징에 맞는
   모양을 찾는다.

4 학습이 완료된 데이터를
   바탕으로 자세한 특징을
   비교한다.

안경을 쓰고 7:3 가르마를
한 사람이 1명, 눈이 큰
단발머리가 1명이네!

5 구분한 결과를 출력
   한다.

민수하고
다현이구나!

상대의 말뜻을 이해할 수 있을까?

인간이 소리를 듣는 방법

이 목소리는 엄마다!

귀에 들리는 소리를
주파수로 바꾼다.

뇌로 신호를 보내
소리를 인식한다.

> 인간이 소리를 듣는다는 것이 간단하게
> 보이지만 사실은 과정이 있어~
> 그런데 소리를 주파수라는
> 정보로 바꾼 다음 뇌로 전달하는
> 과정은 AI도 똑같아!

> 아~, 그래? 나는 한국어로만
> 들릴 뿐인데 주파수라는 것이
> 머리로 들어온다고?

> AI가 듣는 방법도 인간을
> 흉내 낸 거지!~

들은 말을 잘라서 소화하는 AI

AI는 음성인식 능력도 뛰어나다. 스마트폰의 음성 지원에 말을 걸면 충분한 대화가 될 정도다. 빨리빨리 응답하면서도 내부적으로 상당한 수준의 작업을 하고 있는 것이다.

대화가 이루어지려면 두 가지 기술이 필요하다. ① 소리를 정확하게 들어야 한다. ② 들은 소리를 정확한 한국어(또는 다른 언어)로 이해해야 한다.

먼저 AI는 어떻게 말을 알아듣는지부터 살펴보자.

소리를 들은 AI는 일단 모든 소리를 주파수로 바꾼다. 주파수란 소리의 높낮이 등, 소리 정보를 숫자로 나타낸 것이다. AI는 수치를 다루는 데는 전문가이기 때문에 주파수로부터 현재 '가'라고 했는지 '나'라고 했는지를 판단한다.

'내일 날씨 어때?'하고 물어보면 모든 소리를 자른 다음 우선 '내 · 일 · 날 · 씨 · 어 · 때 · ?'하고 나누어서 듣는다.

AI가 소리를 알아듣는 방법

1 인간이 이야기한 말을 듣는다.

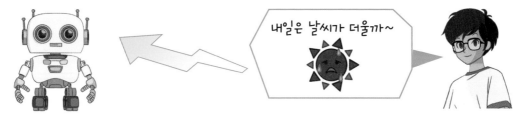

2 들은 말을 주파수라는 음파로 바꾼다.

3 주파수로부터 '내' 라고 말했다고 판단하고는 말로 바꾼다.

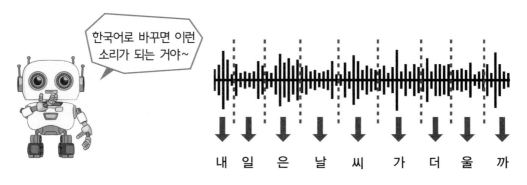

4 하나하나의 소리를 조합해 듣기 완료

'내·일·은·날·씨·가·더·울·까'

상대와 서로 소통할 수 있을까?

인간의 말을 다시 조립해 문장으로 만드는 AI

들은 소리를 올바른 한국어로 이해한 다음에는 본격적으로 AI의 전문실력을 발휘할 때다.

웅성거리는 카페 안에서 이야기를 들었을 때 '내·?·은·날·씨·가·더·울·까'로 잘못 들을 수도 있다. 인간은 이야기 흐름상 '내일은 날씨가 더울까?'로 알아듣는다. 이때 AI는 학습해 온 정보와 비교해 있을 법한 말로 바꾼다.

'내만은 날씨가 더울까' '내도은 날씨가 더울까' '내야은 날씨가 더울까' 등등. 후보를 뽑아서 비교하다가 '내일은 날씨가 더울까'로 확정한다. 더 놀라운 것은 대답을 선택할 때다. 이것도 지금까지 학습해 온 정보를 바탕으로 말을 걸어온 사람이 요구하는 대답들을 검토한다. '더울까'로부터 온도를 알고 싶은 것이라 판단해 온도예보를 찾아본다. 그런 판단 하에 '내일은 32℃로 더울 것 같아요'하고 대답하는 것이다.

이렇게 과거에 학습했던 정보를 최대로 활용해 대답하기 때문에, 마치 인간과 대화하는 것처럼 보인다.

AI의 언어 이해 흐름

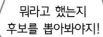
뭐라고 했는지 후보를 뽑아봐야지!

'내 · ? · 은 · 날 · 씨 · 가 · 더 · 울 · 까'

AI가 들은 말 후보 ①

'내가 날씨가 더울까'

이것도 다 이상하네~

후보 ①이 나타내는 다른 의미의 후보 Ⓐ, Ⓑ를 다시 추려낸다.

Ⓐ '나한테 날씨가 더울까'   Ⓑ '내가 날씨가 더 울까'

다음 후보로 이동

AI가 들은 말 후보 ②

'내만 날씨가 더울까'

이것도 다 이상하네~

후보②가 나타내는 다른 의미의 후보 Ⓐ, Ⓑ를 다시 추려낸다.

Ⓐ '내만이 날씨가 더울까'   Ⓑ '내일만 날씨가 더울까'

다음 후보로 이동

AI가 들은 말 후보 ③

'내일은 날씨가 더울까'

이거였네!

후보③이 나타내는 다른 의미의 후보 Ⓐ, Ⓑ를 다시 추려낸다.

Ⓐ '내일 날씨가 더울까'   Ⓑ '내일은 날씨가 더울까?'

'내일은 날씨가 더울까'란 말은 민수가 내일 날씨를 알고 싶다는 뜻이었네~!!

인터넷으로 조사해 봐야지~♪

민수야! 내일은 32℃야. 덥데~

AI 봇, 고마워~, 참고할게!♪

AI의 고급기술

서로 다른 정보를
조합해서 분석한다!

데이터를 조합해 판단하는 AI

　AI는 가지고 있는 정보를 조합해 활용하는 일에도 능숙하다. 영상과 음성 정보가 다 있을 때는 조합해서 분석한다.

　예를 들어 앞서 소개한 AI가 아기를 돌보는 경우, 영상과 음성 양쪽으로 살펴보다가 엄마한테 연락해주는 식이다. 영상인식을 통해 아기 모습을 관찰한다. 표정을 분석해 좋은 상태인지, 아니면 기분이 나쁜 상태인지 등을 판단한다.

　좋은 상태일 때는 엄마한테 연락할 필요가 없지만, 기분이 나쁜 상태로 판단하면, 엄마한테 연락한다. 하지만 영상만으로 왜 기분이 안 좋은지 정확히 알 수 없다.

　그래서 영상인식과 음성인식을 조합해 '울고 있다'든가 '기침을 한다' 등을 판단함으로써 엄마한테 '아기가 기침을 하니까 약이 필요할 수도 있다'고 연락한다. 그러면 엄마는 필요한 것을 가지고 아기한테 가는 것이다.

48

영상인식과 음성인식을 조합한 사례

영상만 있는 경우

아기가 뭔가 안 좋은 얼굴을 하고 있네!

아이 상태가 안 좋아 보여요!

소리까지 있는 경우

아기가 뭔가 안 좋은 얼굴을 하고 있네!

기침을 하고 있네!

콜록콜록 아이가 기침을 하고 있으니까 약이 필요해요!

콜록! 콜록!

AI는 바둑에서도 인간을 이기다

규칙을 잘 파악하는 AI

AI는 바둑이나 체스(서양장기)에서 인간과 대국하여 많은 승리를 거두었다. 현 시점에서 인간이 승리하기는 더 이상 어려울 정도다. AI가 경험이 풍부한 인간을 상대로 게임에서 승리했다는 초창기 뉴스는 모두를 놀라게 했다.

바둑에서는 구글의 알파고(AlphaGo)라는 소프트웨어가 인간을 앞섰는데, 이 소프트웨어에서도 딥러닝을 활용했다. AI한테 바둑 규칙 정도만 가르치고, 그 다음은 AI끼리 대전하는 방식으로 강화학습을 시켰더니, 단 40일만에 세계최강의 바둑AI가 탄생한 것이다.

많은 사람이 즐기는 게임에도 AI가 적용되고 있다. 게임 안에 등장하는 캐릭터는 게임 안에서 수집한 정보를 바탕으로 움직이는 것이다.

예를 들면 적으로서의 상대역할을 하는 캐릭터는 나(플레이어)의 장비나 수준, 당일의 전투 경향, 게임 진행상황 등을 분석하면서, 공격할 정도로 하루가 다르게 진화하고 있다.

최강의 AI 바둑기사는 이렇게 태어났다!

AI한테 바둑 규칙을 학습시킨다.

AI봇의 여동생 AI보미야~

규칙만 알려줄테니까 나머지는 둘이서 알아서 해~!

AI끼리 바둑을 둔다.

오빠가 졌네~♪

에잇, 분하다!

강화학습

40일 동안 AI끼리 계속해서 바둑만 뒀지~!

최강의 AI바둑기사가 탄생!

이것이 강화학습의 놀라운 힘이야!

인간하고 연습하는 것보다 훨씬 강해졌구나!

화가로 변신한 AI

그림·소설·작곡 같은 예술분야에도 능숙한 AI

AI가 할 수 있는 일들은 아주 다양하다. 그림을 그릴 수도 있고 소설을 쓸 수도 있다. 또 음악까지 작곡이나 편곡도 할 수 있다.

2022년, 미국 콜로라드주에서 열린 그림 콘테스트에서 AI가 만든 작품이 1위를 차지해 화제가 되기도 했다. 2022년, 일본에서 열린 문학 콘테스트에서는 사람과 AI가 공동으로 쓴 소설이 입상하기도 했다. AI 등의 힘을 빌려, 이 콘테스트에 참여한 작품이 무려 114개나 됐을 정도다.

AI는 음악 세계에서도 맹활약 중이다. AI가 자동으로 오리지널 곡을 무료로 만들어주는 소프트웨어가 있는가 하면, 야마하가 만든 음성합성 프로그램(보컬로이드)을 이용해, 멜로디와 가사를 입력하면 좋아하는 가수 목소리로 노래를 들을 수도 있다.

이렇게 AI는 기존에 인간이 해오던 예술분야에까지 빠르게 접목되고 있다.

수상 경력을 자랑하는 AI 작품

그림

미국 뉴스 사이트 마더보드(Motherboard)에서 인용

소설

> **⊙연합뉴스** 최신기사 정치 북한 경제 마켓+ 산업 사회 전국 세계 문화 건강 연예 스포
>
> 뉴스홈 · 최신기사
>
> ### AI가 쓴 국내 첫 장편소설 '지금부터의 세계'
>
> 송고시간 | 2021-08-20 12:09
>
> 👤 이승우 기자
>
> | 이문열 "우수한 물음표를 던지는 우리 시대의 문제작"
>
> (서울=연합뉴스) 이승우 기자 = 마침내 누군가는 기대하고 누군가는 우려했던 일이 벌어졌다. 국내 최초로 인공지능(AI)이 쓴 장편소설 단행본이 독자를 찾는다. 한국 문학사 최초로 사람이 아닌 기계가 소설가로 데뷔한 것이다.
>
> 파람북 출판사는 AI 스타트업 '다품다'가 자연어 처리(NLP) 스타트업 '나매쓰'와 협업을 통해 개발한 AI 소설가 '비람풍'이 김태연 소설감독의 기획과 연출 아래 쓴 장편소설 '지금부터의 세계'를 출간한다고 20일 밝혔다. 공식 출간일은 오는 25일이다.

국내 최초, 세계 최고 AI 장편소설

「지금부터의 세계」

비람풍 저/김태연 편저/파람북

수상작은 아니지만 국내 최초로 인공지능(AI)이 쓴 장편소설로 한국 문학사 최초로 사람이 아닌 기계가 소설가로 데뷔한 것이다.

출처: 연합뉴스 2021. 08.20.

사진

이 사진은 결과적으로 아티스트가 수상을 포기했지만, 심사위원은 AI가 만들었다는 사실을 전혀 몰랐데!

아직도 미숙한 부분이 많은 AI

아직 문맥을 이해하기는 무리다

● ● ●   AI 는 애매한 상황에 잘 대처하지 못한다 .

AI는 다양한 능력을 가지고 있어서 압도되는 기분이지만, 사실은 못하는 것도 많이 있다.

먼저 분위기를 잘 이해하지 못한다. 또 대화전체 흐름을 이해하거나, 에둘러서 전달하는 느낌도 잘 이해하지 못한다. 그래서 어떤 식으로든 직접적으로 이해하려고 한다. 때문에 AI는 인간이 비유적으로 표현하는 법을 잘 파악하지 못한다.

예를 들어 '아름답네~'하고 분위기를 잡으면서 말을 꺼낼 때, 감이 빠른 사람이라면 상대방이 '고백을 하려나'하고 이해할 것이다. 하지만 AI는 '맞아, 달은 공기가 맑고 구름이 없을 때 특히 아름답게 보이지'하고 보이는대로 대답할 뿐이다.

그밖에도 데이터가 없으면 '오늘 기분은 어때?'라고 물으면 잘 대답하지 못한다. 또 '오늘 내운세 좀 알려줘!'라고 물어도, 센스 있게 '오늘 운세가 너무 좋은데요~' 식으로는 대답하지 못한다.

AI가 어려워할 때의 반응

애매한 대답을 내놓는다

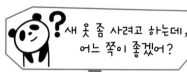 새 옷 좀 사려고 하는데, 어느 쪽이 좋겠어?

 나는 좋아하는 게 없어. 특별히 이쪽이 좋다는 감정도 없어!

나는 빨간색 옷이 이뻐 보이는데 말야~!

처음부터 새롭게 창조

 지루해! 뭔가 재미있는 이야기 없을까~

 조건을 말해주지 않으면 힘들어. 데이터가 없으면 불가능하거든!

요전에 말야, 걷고 있는데 갑자기 개그가 하나 떠올랐거든 ~!

근거없는 대답

 AI 봇, 나 귀엽지?

 귀여운지 어쩐지 모르겠지만, 자신감을 가져 봐~

다현아, 너는 세상에서 제일 귀여워~

게임속으로 들어간 다양한 AI!

예전부터 게임에는 AI를 많이 활용해 왔다. 그러면서 새로운 게임과 함께 점점 발전하고 있다.

캐릭터의 움직임을 결정하는 AI를 캐릭터AI라고 부른다. 게임 안에는 캐릭터AI뿐만 아니라 내비게이션AI, 메타AI 같은 것들이 연동해서 게임을 구성한다.

RPG(Roll Playing Game)게임은 지금도 인기다. 아군이나 적, 돌아다니면서 만나는 사람들, 무기를 파는 상인 등, 아주 다양한 캐릭터들이 등장한다. 이 캐릭터들의 움직임을 하나씩 정하는 것이 캐릭터AI다. 상대하는 적은 플레이어의 실력에 맞춰서 일부러 공격을 실패하기도 하고 어딘가에서 헤매고 있으면 안내인이 등장해 가는 길을 알려주는 식으로, 게임이 너무 단순하지도 또 어렵지도 않게 통제한다. 심지어는 좋아하거나 슬퍼하는 행동까지 보일 정도로 연기실력도 뛰어나다.

모든 캐릭터가 멋대로 움직이면 이야기가 혼란스러워지기 때문에 캐릭터 움직임을 지휘하는 것이 메타AI다. 또 모험이 진행되면 캐릭터 장소나 지형도 바뀌기 때문에 캐릭터들이 바르게 움직일 수 있도록 어디에 있는지 확인하는데, 그런 역할을 하는 것이 내비게이션AI다.

게임 속에는 뛰어난 기술들이 가득 하다.

플레이어

캐릭터AI

이 플레이어는 강하니까 과감히 불을 내뿜어 볼까!

화악!~

준비~ 용가리, 거기서 불을 뿜어내~

미터AI

메터AI 감독님, 앞쪽에 샘물이 있어요!

내비게이션AI

제4장

AI를
둘러싼
세계

제3장까지 AI의 개요를 설명했다면 제4장에
서는 AI의 성장과 발전에 빼놓을 수 없는 AI주
변 지식에 관해 살펴보자.
앞으로 AI 관련 일을 해보고 싶은 사람이라면
도움이 될 만한 정보들을 찾을 수 있을 것이다.

AI의 탄생

1956년 다트머스(Dartmouth) 회의

존 매카시　　　마빈 민스키

미국 뉴햄프셔주에 있는 다트머스 대학

제1차 유행이 일어났을 때 AI의 기초를 만든 학술회의야!

나는 제3차 유행때 탄생한 AI봇이지!

지금이 벌써 제3차 유행이라며?!!

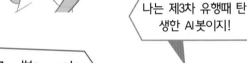
●○○　1956년 다트머스 대학에서 시작된 제1차 AI 유행

　지금은 제3차 AI 유행이 진행 중이다. 제1차 AI 유행이 시작된 건 1956년에 개최된 다트머스 회의 때 부터다.

　다트머스 대학의 존 매카시가 사람들을 불러모았고 명망있던 연구자들이 참여했다. 이 회의 이후 AI라는 말을 사용하면서 연구가 진행된다.

　매카시는 AI용 프로그래밍 언어를 개발해 AI연구를 이끈다. 다트머스 회의에는 인공지능의 아버지로 불리는 마빈 민스키도 참가했다. 그러면서 AI에서 빼놓을 수 없는 뉴럴 네트워크(신경망)에 대해서도 연구가 진행된다.

　하지만 AI 개발이 생각했던 것만큼 발전하지는 못했다. 이유는 인간의 지식을 모두 언어(기호)로 대체하는 기호주의라는 개념이었다. 기호주의 AI는 분명한 기호(심볼)와 규칙을 바탕으로 추축하고 결론을 낸다. 반면에 신경망은 학습 데이터를 통해 표현을 학습하고, 그 학습한 표현을 바탕으로 추론한다.

기호주의의 실패

지금부터 내가 말하는 걸 그려봐~

동물이고 귀가 길어. 앞니도 길고 옅은 갈색에 털은 수북해~!

인간은 경험을 바탕으로 바로 정답을 떠올린다

아, 토끼구나!

짜잔~

AI는 경험이 없기 때문에 정답을 짐작조차 하지 못한다

귀가 어디에 있어야 하는 거지? 수북하다는게 뭐야?!!

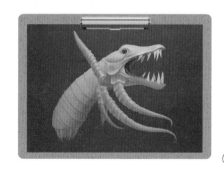

이런 건가!?

AI는 경험이란 것이 없기 때문에, 대신에 언어(기호)로 모든 것을 학습시켜야 했지만 그것이 불가능했다.

전혀 다르잖아!

네가 못 알아 들은 거지!!

59

AI의 성장배경

제2차 AI 유행 때는 컴퓨터 성능이 아주 좋아졌지~!

제3차 AI 유행 때는 인터넷이 퍼지면서 딥러닝을 적용했어~!

AI 를 발전시킨 빅데이터와 딥러닝

제2차 AI 유행은 대략 1970년대 후반부터 시작된다. 이때는 전문가가 입력한 지식을 가지고 일반인을 상대로 대답하는 '엑스퍼트 시스템(Expert System)'이 주목을 끈다. 하지만 지식을 정확하게 입력하는 것이 한계로 떠오르면서, 제2차 AI 유행은 사그라들고 만다.

그런 이후 제2차 유행부터 제3차 유행이 찾아오는 사이에 CPU(중앙연산 처리장치)나 HDD(하드디스크 드라이브) 성능이 눈부시게 발전한다. 그리고 2010년대에 빅데이터와 딥러닝을 발판삼아 AI 개발이 순식간에 빨라진다. 드디어 제3차 AI 유행이 시작된 것이다. 2차와 3차 사이에 발전한 것들을 예들어 설명하자면, CPU는 감독에 해당한다. 그리고 HDD는 도구를 담아두는 락카룸의 상자나 선반 등으로 생각하면 된다. 운동팀에 뛰어난 감독을 영입하고(CPU 성능이 좋아지고) 락카룸이 커지면서 연습도구가 좋아진 것(HDD 성능이 좋아진 것)과 마찬가지다. 빅데이터는 인터넷이 확산되면서 취급할 수 있게 된 대량의 데이터를 말하는데, 점수를 기록한 책(과거의 승부기록)에 비유할 수 있다. 딥러닝은 플레이를 배우기 위한 새로운 공부방법이다. 이런 것들이 갖춰진 덕분에 운동선수(AI)가 급성장하게 된 것이다.

AI가 발전해 온 과정

제2차 AI 유행~ 제3차 AI 유행

CPU 감독

CPU 성능이 향상되었다.

난 축구부에 들어갔어~

새로 오신 감독님이
너무 훌륭하셔~

새로운 장비랑 책 같은
것도 많이 들어왔어!

HDD방

HDD 용량이 커졌다.

인터넷 보급

스코어북

빅데이터가 등장

스코어북이 가득찼네~

새로운 방법으로
경기하는 방법도
공부했지~

공부방법

딥러닝을 사용

이 방법이
좋네~

AI 개발이 빨라지다.

나, 축구가 많이 늘었어~

알고리즘이란?

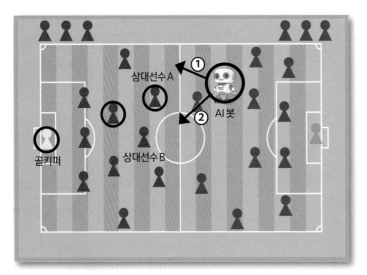

> 다현아, 이거 봐. 작전판 위에서 움직임을 보면서 작전을 세우는 거야. 난 공을 받으면 ①이나 ②쪽 방향으로 움직여야 해!

> 작전판에서 미리 움직임을 정하는 거야!

> 내가 축구부가 아니라서 모르는게 많네…

AI의 움직임을 결정하는 순서

프로그래밍 수업(코딩 수업)에서 알고리즘이라는 말을 들어봤을 것이다.

프로그램은 반드시 알고리즘을 짜고 나서 만든다. 알고리즘이란 AI의 움직임 흐름을 결정하는 예스·노 테스트와 비슷하다.

여기서도 동아리 활동에 비유해서 살펴보겠다.

경기나 연습 때 활용하는 작전판이라는 것을 본 적이 있나? 작전판을 통해 사전에 움직임을 정해 두는 것이 알고리즘이라고 할 수 있다.

공을 패스하려면, 자신의 위치에서 공을 받았을 때 어떻게 움직일지를 생각하게 된다. 상대선수의 움직임은 알 수 없기 때문에, 몇 가지 패턴을 연습해 놓는다. 그렇게 정해놓고 연습한 순서(알고리즘)대로 실제 시합에서 플레이하는 것이다.

알고리즘을 정해 놓으면, 프로그램은 매번 이 알고리즘에 따라서 움직이기 때문에, 항상 예정해둔 결과를 얻는 구조다.

알고리즘 이미지

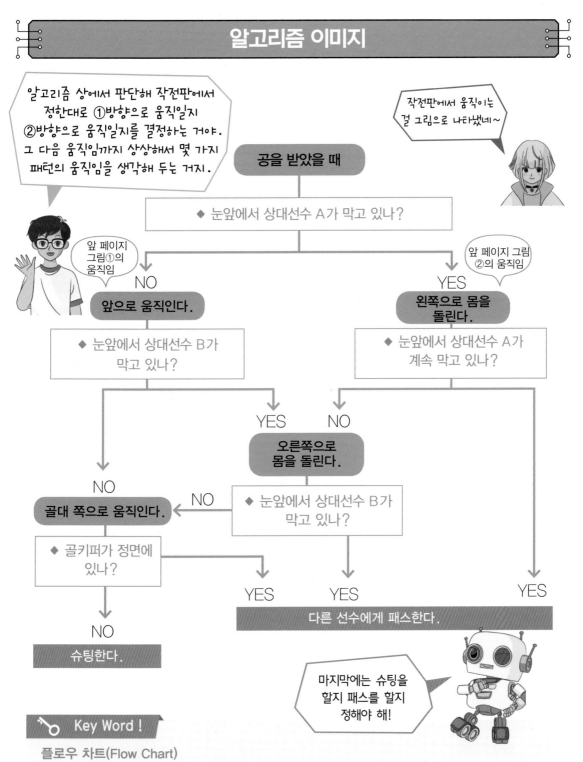

알고리즘 상에서 판단해 작전판에서 정한대로 ①방향으로 움직일지 ②방향으로 움직일지를 결정하는 거야. 그 다음 움직임까지 상상해서 몇 가지 패턴의 움직임을 생각해 두는 거지.

작전판에서 움직이는 걸 그림으로 나타냈네~

공을 받았을 때

◆ 눈앞에서 상대선수 A가 막고 있나?

앞 페이지 그림①의 움직임

NO

앞으로 움직인다.

◆ 눈앞에서 상대선수 B가 막고 있나?

앞 페이지 그림②의 움직임

YES

왼쪽으로 몸을 돌린다.

◆ 눈앞에서 상대선수 A가 계속 막고 있나?

YES   NO

오른쪽으로 몸을 돌린다.

NO   NO

골대 쪽으로 움직인다.

◆ 눈앞에서 상대선수 B가 막고 있나?

◆ 골키퍼가 정면에 있나?

YES   YES   YES

다른 선수에게 패스한다.

NO

슈팅한다.

마지막에는 슈팅을 할지 패스를 할지 정해야 해!

Key Word !

플로우 차트(Flow Chart)

알고리즘을 바탕으로 알고리즘의 움직임을 그림으로 나타낸 것이 플로우 차트다. 위에서부터 순서대로 내려오다가 질문에서 어디로 갈지를 판단한다.

YES · NO 테스트와 비슷한 흐름이다.

AI의 지식 기반 빅데이터

스코어북(데이터)이 조금밖에 없으면…

아… 막혔네.
분석이 부족했나 !!

조금 역부족!

스코어북(데이터)이 많이 있으면…

골키퍼가 저렇게
움직일 줄 알았지~

성과를 발휘!

○○○ AI 는 데이터가 많을수록 현명해진다 .

　AI는 데이터가 반드시 필요하다. 첫 번째 이유는 데이터를 입력하지 않으면 아무런 결과가 나오지 않기 때문이다. 앞에서 프로그램에는 입력과 출력이 있다고 설명했다. AI는 프로그램의 집합이기 때문에 AI에 뭔가를 입력해 주지 않으면, 일하려고 하지 않는다는 뜻이다.

　두 번째 이유가 중요한데, AI는 데이터를 사용해 공부하는 과정을 거치면서 현명해지기 때문이다. 인간은 오감(청각 · 시각 · 후각 · 미각 · 촉각)을 동원해 공부하지만, AI는 이런 오감이 없기 때문에, 알고리즘대로 이해할 수 있도록 많은 데이터를 학습시켜서 성장하도록 한다.

　AI가 공부하는데 사용하는 많은 데이터를 빅데이터라고 한다. 인터넷이 보급되기 전에는 데이터를 모으기가 힘들었다. 하지만 빅데이터를 쉽게 얻게 되면서 AI가 순식간에 현명해졌다.

　데이터 종류는 가장 간단한 숫자부터 시작해 문자나 음성, 사진 등등 다양한 여러 가지 종류들이 있다. 데이터를 스코어북으로 비유하기도 했지만, 과거에 했던 시합 정보가 많을수록 다음 시합에 도움이 되는 것과 마찬가지 이치다.

빅데이터 종류

SNS에 있는
프로필이나 댓글

인터넷의 검색기록이나
구매기록

스마트폰이나
자동차의 GPS 정보

인터넷에서 볼 수 있는
동영상이나 공개된 사진

슈퍼나 음식점에서
계산할 때 발생하는
거래정보

건강진단 결과나
임상시험 등의 의료정보

기상정보나
자연재해 정보

이런 것들 말고도
빅데이터 종류는
아주 많아!

AI 봇이 공부한 보람이
있었네~

AI에 빼놓을 수 없는 GPU

CPU 감독

혼자만 있기 때문에 한 번에 많은 스코어북(시합 성적)을 읽고 배우기에는 시간이 걸린다. 하지만 지도력은 뛰어나다.

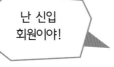

난 신입 회원이야!

GPU 회원들

감독처럼 어려운 일은 아직 못하지만, 모두 다 스코어북을 읽을 수 있다.

● ○ ○ 딥 러닝의 필수 아이템

딥 러닝에는 필수 아이템이 있다. GPU(화상처리 장치)라고 해서 CPU(중앙연산 처리장치)의 친구 같은 존재다. 원래는 게임 같은 그래픽 화면을 처리하기 위해서 만든 것이라 화상처리 장치라는 이름으로 부른다.

CPU는 복잡한 처리를 잘 하지만, 많은 계산을 한 번에 하기는 힘들다. 반면에 GPU는 복잡한 처리는 서툴지만, 간단한 계산을 동시에 처리하는(병렬처리) 능력이 뛰어나다.

그래서 컴퓨터 전체적인 일은 CPU가 처리하고, 딥 러닝을 할 때 필요한 대량의 계산은 GPU가 담당한다. 딥 러닝을 할 때 필요한 계산은 형태가 정해져 있어서, CPU한테 부탁하지 않아도 GPU만으로 충분할 뿐만 아니라 많은 계산을 해낼 수 있다.

GPU는 축구부의 회원들 같은 존재다. 감독같은 역할은 아직 못 하지만 각자가 분담해서 스코어북(데이터)을 파악한 다음 서로서로 내용을 알려준다.

GPU와 CPU 각각의 역할

여러분, 다음 주 시합을 위해서 스코어북 1권부터 11권까지 예습차원에서 읽어두자~

1 CPU 감독이 GPU 선수들에게 스코어북 파악을 분담시킨다.

스코어북 11권 다 읽었지!

스코어북 1권 다 읽었지~

스코어북 5권 다 읽었습니다.

2 GPU 선수들이 각각 배정 받은 스코어북을 동시에 읽는다(병렬처리).

스코어북을 전부 읽었는데 결과는 이렇습니다!

3 서로가 읽은 스코어북을 공유 하면서 짧은 시간에 모두가 스코어북을 파악한다.

AI봇, 스코어북을 다 파악했으니까 시합에서는 적극적으로 골대 앞으로 나가도록!!

4 그 내용을 AI봇에게도 알려 준다.

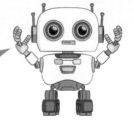

오오~, 읽는게 정말 빠르네. 알았습니다~

67

AI의 성능 향상은 슈퍼컴퓨터

여름방학

동아리 여름합숙 훈련 = 보통 컴퓨터로 학습하는 효과

여름방학 훈련이 끝날 무렵

공을 훨씬 잘 다루게 됐지~

일정한 성과를 달성

프로 리그의 여름합숙 캠프 = 슈퍼컴퓨터로 학습하는 효과

오버헤드 슛까지 할 수 있게 됐지~

비약적으로 실력이 향상
(성과를 발휘)

●○○ 빅데이터를 고속으로 학습하게 해주는 도움 아이템

빅데이터 등장 이후, 그만큼 AI가 학습해야 할 데이터양도 늘어났다. 모처럼 학습 재료로 쓸 수 있는 데이터가 늘어나 AI가 현명해질 기회인데, 데이터양이 너무 많아서 쉽사리 학습을 하지 못한 채로 끝날 수도 있다. 그래서 등장한 것이 슈퍼컴퓨터다.

슈퍼컴퓨터란 보통 컴퓨터보다 훨씬 빨리 계산할 수 있는 컴퓨터를 말한다. 슈퍼컴퓨터를 사용해 AI를 학습시키면 짧은 시간에 성과를 낼 수 있다.

CPU는 감독이고 HDD가 동아리 방이라면, 이런 요소들을 한 군데 모아놓은 학교 운동장은 일반적인 컴퓨터로 비유할 수 있다. 그에 반해 슈퍼컴퓨터는 프로축구 운동장 같은 것이다.

프로축구 홈구장을 빌려서 프로 감독의 지도를 받고, 운동기구도 최신 설비로 준비된 곳에서 합숙훈련을 하는 것과 같다.

연습환경이 제대로 갖춰지면 효율이 높아져 축구실력이 좋아지는 것과 같은 이치다.

슈퍼 컴퓨터를 사용하면 이렇게나 빨라진다!!

AI가 같은 학습데이터를 공부하는데 걸리는 시간 차이

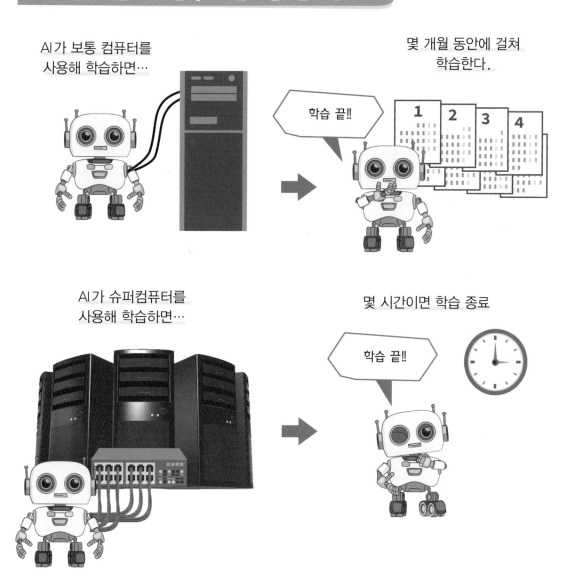

AI가 보통 컴퓨터를
사용해 학습하면…

몇 개월 동안에 걸쳐
학습한다.

학습 끝!!

AI가 슈퍼컴퓨터를
사용해 학습하면…

몇 시간이면 학습 종료

학습 끝!!

🔑 Key Word!

한국의 슈퍼컴퓨터

한국과학기술정보연구원(KISTI)은 현재 누리온(crazy cs 500)의 후속 모델 슈퍼 컴퓨터 6호기를 들어 올 예정이고, 성능면에서도 세계 10위권 진입을 목표로 하고 있다. 따라서 인공지능(AI) 연구부터 양자, 바이오, 반도체 등에 관한 연구가 좀 더 활발해 질 것이다.

아키텍처(설계도)로 AI 전체를 만들다

HDD 동아리 방

CPU 감독

GPU 회원들

신입회원

작전판

연습환경

스코어북

축구부
아키텍처

공부방법

● ● ○   AI 환경을 설계도로 정해 놓는다.

아키텍처(Architecture)! 어려운 용어가 나왔어요. 아키텍처가 무엇인지 알면 어려운 용어들이 관련성이 하나로 연결되는 것을 알 수 있을 것입니다.

앞에서 AI를 프로그램의 집합이라고 설명했다. AI 자체는 프로그램을 많이 모아둔 하나의 큰 프로그램 덩어리지만, 그것만으로 AI가 움직이지는 않는다. AI가 작동하게 하려면, AI에 어떤 데이터를 넣어 학습시킬 것인지, AI에 들어가는 프로그램은 어떤 알고리즘을 사용할지와 같은 소프트웨어 환경, 컴퓨터는 어떤 것을 사용할 지와 같은 하드웨어 환경 등등, AI 자체가 아니라 주변에 필요한 것들을 결정할 필요가 있다.

왜냐면, 어떤 것 하나라도 조건이 달라지면 AI는 다른 결과를 내놓기 때문이다.

그래서 필요한 것이 AI의 설계도로 불리는 아키텍처. 아키텍처는 축구 동아리 전체를 정해 놓는 것과 비슷한 개념이다. 동아리 활동에서 감독은 누구, 동아리 방은 어디어디 식으로 운영 방법이나 장소를 결정해 놓는다. 동아리 활동을 둘러싼 모든 것을 결정하는 안내판(가이드라인) 같은 것이 아키텍처라고 말할 수 있다.

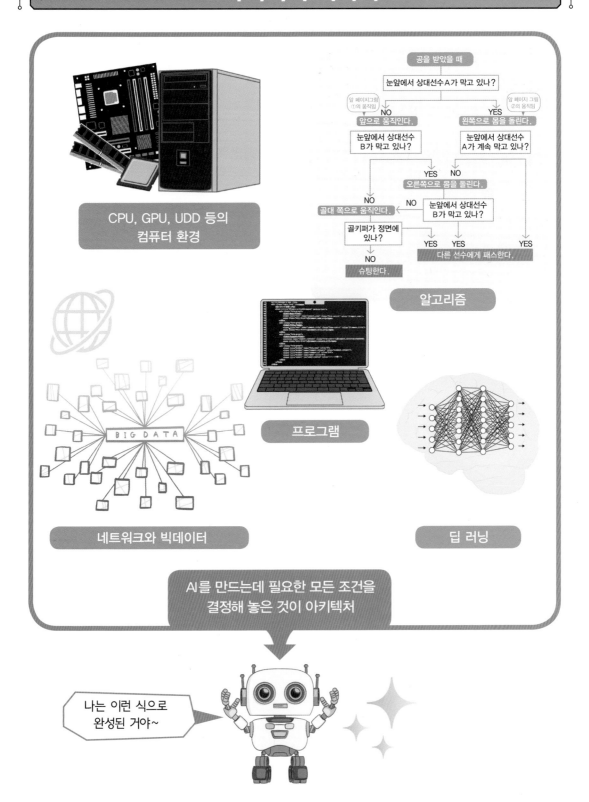

CPU, GPU, UDD 등의
컴퓨터 환경

공을 받았을 때

눈앞에서 상대선수A가 막고 있나?

앞 페이지그림
①의 움직임
NO
앞으로 움직인다.

앞 페이지 그림
②의 움직임
YES
왼쪽으로 몸을 돌린다.

눈앞에서 상대선수
B가 막고 있나?

눈앞에서 상대선수
A가 계속 막고 있나?

YES   NO
오른쪽으로 몸을 돌린다.

NO
골대 쪽으로 움직인다.

NO
눈앞에서 상대선수
B가 막고 있나?

골키퍼가 정면에
있나?

YES   YES   YES
다른 선수에게 패스한다.

NO
슈팅한다.

알고리즘

프로그램

BIG DATA

네트워크와 빅데이터

딥 러닝

AI를 만드는데 필요한 모든 조건을
결정해 놓은 것이 아키텍처

나는 이런 식으로
완성된 거야~

AI의 발전 연대기

침체기 때는 생각대로 개발이 진행되지 않았던 시기야!

1950~1960년대

- 앨런 튜링이 AI의 기초가 되는 개념을 만든다.
- ★ 튜링 테스트 (P22)

- 다트머스 회의에서 생각하는 기계를 AI(인공지능)라고 부른다.
- 신경망 등장
- 제1차 AI 유행이 찾아온다.

1970~1980년대

- AI 유행의 침체기

1980

1970

1960

1950

나의 조상은 여기서 태어났지!

침체기 때는 생각대로 개발이 진행되지 않았던 시기야!

1960~1970년대

- 범용 컴퓨터의 등장
(※범용이란 여러 가지 용도로 사용할 수 있다는 의미)
- 대화형 AI(엘리자)의 개발
- 제1차 AI 유행 종료

1990~2000년대

- 제2차 AI 유행 종료
- 제3차 AI 유행이 시작되기 전까지 CPU나 HDD 성능이 계속해서 높아짐(무어의 법칙)

future

2000

1990

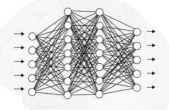

2000~

- 제3차 AI 유행이 시작
- 기계학습을 응용한 기술의 발전
- GPU 등장
- 빅데이터를 사용하기 시작
- 딥 러닝의 시작

2010~

- 일반인용으로 그림생성AI가 공개
- 챗GPT의 등장

1980~1990년대

- 제2차 AI 유행이 시작
- 엑스퍼트 시스템이 주목받기 시작
- 딥 러닝의 바탕이 되는 개념이 발표됨

AI 탄생의 숨은 공로자

    AI 탄생에 관여한 연구자는 많이 있지만, 여기서는 다트머스 회의보다도 전에 큰 영향을 끼친 2명의 과학자를 소개하겠다.

앨런 튜링 Alan M. Turing

    첫 번째 인물은 튜링 테스트(기계지능 시험방법)라는 이름의 유래가 된 앨런 튜링이다.

    AI라는 말은 다트머스 회의에서 사용했지만, AI라는 개념을 가장 먼저 생각해 낸 사람은 튜링으로 알려져 있다. 튜링은 영국의 수학자로, 1936년에 컴퓨터의 원조인 튜링 머신을 고안했다.

    튜링은 독일에서 사용했던 암호장치(에니그마)를 해독하기 위해서 컴퓨터(봄베)를 개발한다. 이 밖에 현재의 컴퓨터나 AI의 기초가 되는 다양한 개념을 발표한 천재였다.

노버트 위너 Norbert Wiener

    두 번째 인물은 미국 수학자인 노버트 위너다. 위너는 매사추세츠 공과대학에서 학생들을 가르치며 연구했다. 1948년에 출판한 책에서 사이버네틱스라는 개념을 발표한 사람이다. 사이버네틱스란 정보를 주고받는 통신공학과 입력과 출력을 제어하는 제어공학을 결합시켜, 넓은 범위에서 인간과 기계의 의사소통을 연구하는 학문을 말한다. 약간 어렵기는 하지만, 인간과 기계는 공통점이 많기 때문에 같은 학문으로 양쪽 다 연구할 수 있다고 생각한 첫 번째 인물이다. AI 개발이 진행 중인 현재라면 개념이 아니지만, 당시에는 참신한 생각이었다.

우리가 존재하는 건 이런 분들 덕분이야~

사이버라는 말이 여기서 시작됐구나!!

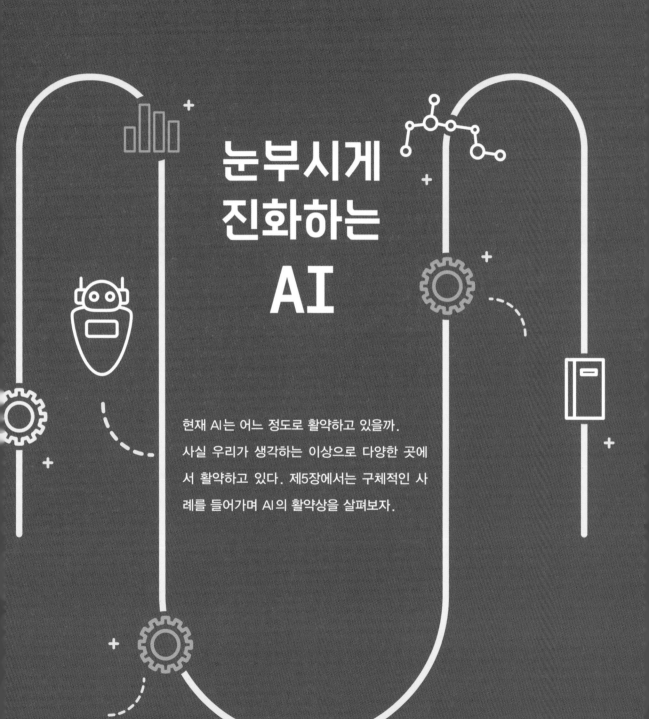

제5장

눈부시게
진화하는
AI

현재 AI는 어느 정도로 활약하고 있을까.
사실 우리가 생각하는 이상으로 다양한 곳에
서 활약하고 있다. 제5장에서는 구체적인 사
례를 들어가며 AI의 활약상을 살펴보자.

의사와 공유하는 AI

●○○ 동영상으로 진단하거나 문진을 통해 치료를 보조하는 AI

여기서는 이미 AI가 활약하고 있거나 앞으로 더 활약할 분야를 소개하겠다.

먼저 의료분야다. AI의 특기 가운데 하나가 영상인식이다. 의료현장에서는 환자의 사진을 포함해 영상을 볼 기회가 매우 많다. 의사들은 CT나 MRI, 초음파 등등 날마다 많은 의료영상을 보면서 진료한다.

많은 양의 화상을 통해 부상이나 병을 찾아내기란 베테랑 의사라도 쉽지 않은 일이다. 거기서 활약하는 것이 AI다. 과거에 학습한 데이터와 비교해 차이가 있는 부위를 순식간에 찾아낸다. 의사는 그것을 바탕으로 차분하게 진단을 내린다.

AI는 문진(問診; 물어보는 진료)도 가능하다. 환자는 컨디션은 안 좋은데 어디가 안 좋은지 잘 모를 때, '병원에 가야하나?', '간다면 무슨 과로 가야하지?' 하고 곤란할 때가 있다. 그럴 때 AI가 문진을 진행하는 것이다. 그러면 아픈데 따른 조언을 해주기도 하고, 환자의 과거 진료기록이나 종합 데이터를 바탕으로 사전 진단을 내리기도 한다.

AI는 어떤 식으로 의사 업무를 보조할까?

이 사진을 자세히 보는 것이 좋을 것 같아요!

어떤거지?

여기가 좀 이상한거 같은데!

MRI 같이 많은 자료를 보고 병이나 아픈 곳을 찾아낸다.

진단을 보조한다.

이 세포 모습이 조금 이상한데!

이 샘플을 좀 봐주세요~

어쩌면 병균이 숨어 있을지도 모르겠네!

세포 안에서 이상한 세포를 찾아낸다.

병을 빨리 발견한다.

환자분, 몸 상태가 어떻습니까?

알레르기성 비염인 것 같아요.

이비인후과로 가시면 됩니다.

콧물이 안 멈춰요.

열은 없습니다.

내과로 가면 될까요?

환자 증상을 체크한다.

사전 진단을 해준다.

차량 스스로 달리는 자율주행

전 세계적으로 자율주행은 레벨3까지 실용화된 상태야!

자율주행은 레벨0부터 레벨5까지 있어. 레벨3은 고속도로에서 핸들을 잡지 않아도 문제가 없는 기술 단계야!

레벨5는 완전히 AI가 운전하는 기술 단계지!

레벨3이 어떤 정도야?

속도나 정체 상태를 판단하고 운전하는 AI

인간은 자동차를 운전할 때 인지 · 판단 · 조작 순서로 행동한다.

인지란 지금 운전하고 있는 자신의 상황을 이해하는 것이다. AI가 하는 인지는 화상인식을 통해 신호나 표지, 보행자, 주변차량 상태 등을 확인하는 것이다. 그리고 센서로 다른 차나 보행자와의 거리를 확인한다. 신호가 파란색이다, 이런 속도라면 앞차와의 거리가 적당하다, 전방에 신호대기 중인 사람이 있다 등등, 주변 상황을 파악하는 것이다.

판단이란, 지금 가는 속도대로 갈지, 브레이크를 밟을지 등의 행동을 정하는 것이다. AI는 연속적인 화상인식을 통해 앞으로 어떤 일이 일어날지 예측할 수 있다. 신호를 기다리는 사람이 스마트폰을 보면서 걷기 시작했다, 저 상태라면 도로로 나올지도 모른다 등등, 곧 일어날 일을 미리 예측해 브레이크를 밟아야 할지를 판단한다.

마지막 조작이란, 직접 행동을 하는 것이다. AI는 판단을 바탕으로 안전한 속도로 브레이크를 밟거나 핸들을 조작하는 등의 동작을 취한다.

주변 상황과 자신의 상황을 이해하는 단계

앞 차하고 거리가 적당하군. 목적지까지 이 속도로 가면 되겠어. 아, 오른쪽으로 뭔가 보이는데.

곧 일어날 일을 예측해 그대로 갈지, 멈출지 등등의 행동을 결정한다.

오른쪽으로 보이는건 사람이다. 보행자가 저 상태로 움직이면 위험한데... 브레이크를 밟는 것이 좋을 것 같군.

AI는 인터넷 덕분에 인간보다 많은 정보를 토대로 판단할 수 있게 됐지~

자동으로 행동을 결정한다.

신체 정보 데이터로 생체 인증

●○○ 개인을 특정해 안전하고 편리하게 해주는 AI

 스마트폰이나 컴퓨터를 켤 때, 얼굴을 보여주는 방식으로 켜 본 적이 있는지? 이때 스마트폰은 안면인식이라는 것을 통해 '아, 다현이구나, 화면을 열어도 되겠다'하고 판단한다. 이렇게 인간의 신체 정보로부터 누군지 판단하는 방법을 생체인증이라고 한다. 인간은 제각각 다른 얼굴을 하고 있듯이 생체적으로도 저마다 다르기 때문에 개인을 구분할 수 있다.

 이런 생체인증 분야에서 정보 차이를 잘 구분하는 AI가 활약한다. 손가락 표면(지문)이나 목소리 높이, 굵기, 눈 속의 모양(망막 · 홍채), 혈액 속에 들어 있는 정보(DNA/RNA) 등등, 생체정보를 바탕으로 개인을 구분할 수 있다.

 생체인증은 집이나 빌딩에 들어갈 때 열쇠처럼 사용하기도 하고, 은행의 현금인출기를 사용할 때 암호인증을 대신하기도 한다. 또 편의점에서 물건 값을 지불할 때도 사용한다. 앞으로는 빈손으로 나가도 아무런 불편 없이 생활할 날도 멀지 않았다.

생체인증 활용 사례

얼굴 · 홍채인증으로 문을 연다.

지문이나 정맥 인증으로
현금인출기(ATM)를 이용할 수 있다.

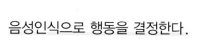

음성인식으로 행동을 결정한다.

81

인간의 손발을 대신하는 로봇

인간을 대신해서 일 해주는 AI 로봇

  로봇이라고 하면 가정 먼저 인간형 로봇이나 동물형 로봇이 떠오른다. 로봇은 그런 종류만 있는 것이 아니다. AI가 적용되어 이미 크게 활약하고 있는 로봇도 다양하게 있다.

  대형 팔 같이 생겨서, 공장에서 제품을 조립하거나 상자를 만드는 산업용 로봇은 인간을 대신해 위험한 작업이나 세밀한 작업을 쉬지 않고 계속한다. 그런 덕분에 생산효율이 올라가고 인간의 안전도 지킬 수 있다.

  손가락 몇 개가 달린 것 같은 수술지원 로봇은 숙련된 의사밖에 못할 것 같은 어려운 수술을 옆에서 지원한다. 멀리 있는 환자의 수술도 전문 의사가 수술할 수 있게 되면서 더 많은 환자가 도움을 받고 있다.

  집에 있는 청소로봇도 로봇의 한 종류다. 큰 틀에서 말하면, 움직이는 AI는 모두 다 로봇에 해당한다.

다양한 곳에서 활약하는 로봇

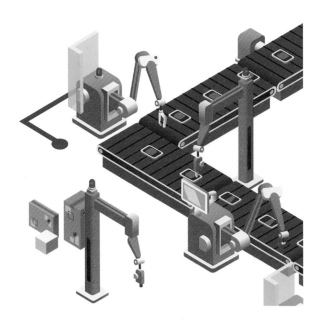

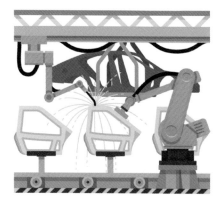

아주 작은 전자부품 생산이나 불티가
날리는 위험한 용접작업을 하는 로봇

위험하거나 세밀한
작업을 하는 산업용 로봇

농산물 수확을
도와주기도 하지!

농작물을 수확하는
농사용 로봇

온도를 관리하고,
물이나 비료를
뿌리는 등의 작업
을 한다.

수술을 돕는
수술지원 로봇

의사가 모니터를 보면서 지시하면,
지시에 따라 세밀한 수술을 한다.

자율로 조종하는 AI 드론 등...!

사람이 조종하지 않아도 비행기가 날아다닌다고?!

자율조종이라고 해서 AI가 조종하는 대로 움직이는 건 이제 당연하게 여겨질 정도야~

●●● 자율조종이 가능해진 AI 탑재 헬리콥터 및 비행기

최근에는 조그만 장난감 드론도 많이 나와 있어서 한 번쯤은 조종해본 적이 있을 것이다. 드론으로 촬영한 멋진 영상도 유튜브에서 쉽게 볼 수 있다. 드론도 로봇의 한 종류다. 드론에 AI가 들어가면 어떤 점이 좋을까?

바로 사람이 가기에 조금 어려운 곳을 대신 갈 수 있다는 점이다. 재난현장을 날아다니면서 상황을 파악하거나, 구호물자를 운반하는 식으로 활약한다. 재난현장은 인간이 바로 접근하기 어려울 때가 많다. 그럴 때, 드론이 하늘에서 지원을 해주는 식으로 많은 사람에게 도움을 주는 것이다.

또 정해진 시간에 정해진 이동경로를 통해 시설물의 안전을 확인하거나 물건을 전달하기도 한다. 드론뿐만 아니라 더 큰 비행기도 자율조종이 가능하다. 지금은 일부에만 오토파일럿이 실용화되었지만, 이착륙까지 가능한 단계에 와 있다.

드론이 활약하는 무대

재난현장에 가서 불을 끈다거나, 구호 물자를 운반한다.

공공시설이나 건물의 안전을 점검한다.

택배를 배달하거나, 물건을 운반한다.

하늘은 막힐 일이 없기 때문에 일이 빠르지!

AI와 함께하는 알뜰 쇼핑

●○○ 사야할 물건은 까먹지 않도록, 마음에 드는 물건은 바로 찾아주는 등, 시간절약까지 OK

 여러분은 엄마랑 인터넷 쇼핑으로 학용품을 주문한 경험이 있나요?

 인터넷 쇼핑을 하다보면 비슷한 물건을 추천하는 걸 본적이 있을 것이다. 그것은 AI 때문이다. 고객이 흥미가 있을 만한 물건을 AI가 판단해서 추천하는 기능이 작동한 것이다.

 그뿐만이 아니다. 정보센터나 가게 점원처럼 안내를 해주기도 한다. 예들 들어 대형 쇼핑몰이나 역에 설치된 AI 디지털 안내판은 가고 싶은 가게를 찾아주거나 길 안내를 해준다.

 구글에서 제공하는 가상의류 서비스는 스마트폰을 통해 가상의 옷을 입은 모습을 볼 수 있다. 마음에 드는 브랜드 옷을 내가 입었을 때, 어떤 느낌인지 알고 싶을 때 편리한 기능이다. 자신과 닮은 AI 모델을 골라서 마음에 드는 옷을 선택하면, 사진을 찍어서 옷 입은 모습을 보여주는 것이다.

AI한테 쇼핑 도움을 받아 보자!

쇼핑몰에서 길안내를 하는 AI도우미

시원한 옷을 파는 가게가 있을까?

AI 도우미가 길안내를 해주기도 하고, 추천할 만한 가게도 알려줘~

대형 쇼핑몰 같은 곳에 설치된 대화형 AI도우미

나하고 비슷한 모델을 고르면 마음에 드는 옷을 입어봐 주더라구. 모델도 AI가 만들었데. 옷만 그냥 보는 것보다 내가 입었을 때 어떤 느낌인지 빨리 알겠네~

인터넷이나 어플에서 가상으로 옷을 입어본다.

미국에서 제공되고 있는 가상 환복 기능 VTO(Virtual Try On)

옷만 그냥 보는 것보다 내가 입었을 때 어떤 느낌인지 알겠네~

오오~ 나랑 똑같은 AI모델도 있네! ♪

아냐, 그냥 너를 복사해서 보여준 것 뿐이야~

데이터 분석으로 미래 상황을 예측

●○○ 날씨나 인기상품, 교통정체 등등 어떤 것이든 예측이 가능

AI의 특기 가운데 하나가 데이터 분석이다. 전에는 과거에 쌓아왔던 수많은 데이터를 분석하는 일에 애를 먹었다면, 최근에는 학습 역량을 살려서 가까운 미래에 어떤 일이 일어날지 예측하는 것도 가능해졌다.

예를 들어 날씨예보에 활용할 경우에 AI는 '이 비구름이 이런 속도로 계속해서 움직이면 1시간 후에 ○○지방은 태풍이 온 것처럼 큰 비가 내릴 것'이라는 예측이 가능하다. 자연재해 예측은 조금이라도 빨리 정보를 파악할 수 있다면, 그만큼 피해를 줄일 수 있기 때문에 그 중요성은 두 말할 필요가 없다.

AI의 미래예측 기능은 다른 분야에서도 활용되고 있다. 편의점이나 슈퍼마켓에서는 날씨나 요일까지 고려해 어떤 상품을 진열할지에 대해 조언을 받는다. '내일부터 연휴에 들어가고 날씨는 맑을 것으로 예상되므로 간편 도시락이나 차가운 음료를 평일보다 3배 정도 많이 재고로 가지고 있는 것이 좋다'는 식으로 적절한 재고물량을 조언해 주는 것이다.

자동차 내비게이션은 도로의 혼잡상황을 예측해 '오후부터는 정체가 예상되므로 이 길로 가면 목적지까지 도달하는데 ○○시간이 걸릴 것', 이런 식으로 알려준다.

가까운 미래를 예측하는 것도 AI의 특기 가운데 하나

날씨를 예측

다현아, 오늘 외출할까~

좋아! AI봇~ 오늘 날씨 괜찮지?

조금 이따 비가 내리는데. 집에서 공부나 하지!

인기상품을 예측

아이스크림을 엄청 많이 갖다놨네, 오늘 꽤 쌀쌀하던데~

내일은 휴일에다가 맑고 더울 거야!

AI가 잘 팔릴 거라고 예측했는지도 모르겠네.

도로혼잡을 예측

아빠~ 이쪽으로 가요. 오다가 아이스크림 사오게~

그쪽 길로 가면 집으로 돌아올 때 40분 정도 느립니다.

아, 그럼 만화영화 방송 때까지 도착할 수 없으니까 못 들리겠네!

AI 퀴즈

Q1 아래 그림 가운데 하나는 AI가 그린 그림이다. 어떤 그림인지 고르시오.

①   ②   ③   ④

Q2 아래 그림은 AI가 그린 것이다. 이상한 부분이 있다면 어디인지 고르시오.

해답은 102페이지

90

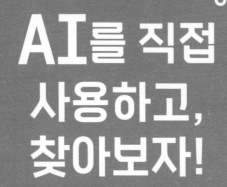

AI를 직접 사용하고, 찾아보자!

제6장에서는 최근 화제가 되고 있는 AI 프로그램 사용방법을 소개한다. 기본적인 의문이나 로봇의 역사 등에 관해서도 살펴보자.
어떤 내용이든 잘 알아두면 친구한테 자랑할 만큼의 수준은 될 것이다.

이미지 생성 AI

문자를 입력하면 그 이미지 그림을 그려준다.

이미지 생성 AI로 좋아하는 그림을 만들어보자. 이미지 생성 AI는 만들고 싶은 사진을 문자로 입력하거나 바탕이 되는 이미지를 입력하면, 자동으로 새로운 이미지 그림을 만들어준다. 여기서는 미드저니(midjourney)라는 프로그램을 사용해서 알아보자.

실제로 사용해 보기!

❶ https://www.midjourney.com/home 에 접속한다.
※이용하려면 가입을 해야 하므로 주위의 도움을 받도록 한다.

❷ 붉게 표시한 틀 안에 「/imagine」라고 입력한 다음 원하는 말을 입력하면 된다.
※한국어는 사용할 수 없기 때문에 번역 프로그램을 사용하면 편리하다.

❸ 예를 들어 「A cool elementary school boy and a cute elementary school girl(멋진 초등학생 남자아이와 귀여운 초등학생 여자아이」라고 입력한다.

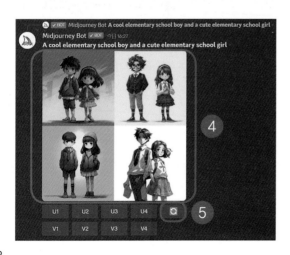

❹ 이런 이미지 그림 4개 정도를 만들어준다.

❺ 생각한 그림이 아닐 때는 새로고침 버튼을 누르면 다시 만들어준다.

★ 다른 말을 넣어서 이미지를 만들어 보자!

멋진 만화 캐릭터 만들어 보기!

1 very cool character | @yumigration (fast)

2

❶ very cool character(아주 멋진 캐릭터)」
라고 입력했다.

❷ 소년과 쥐 캐릭터가 만들어졌다.

사실은 만화책에 나오는 멋진 캐릭터를
원했는데...
그럴 때는 말을 추가해서 입력해 본다.

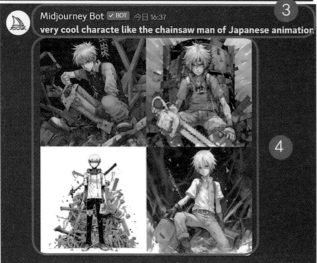

3

Midjourney Bot ✓BOT 今日 16:37
very cool characte like the chainsaw man of Japanese animation

4

❸ 「very cool character like the
chainsaw man of Korea animation
(한국 애니메이션 전기톱 소년 같이 아주 멋
진 캐릭터)」 라고 입력했다.

❹ 추가한 말에 맞는 이미지가 생성되
었다.
상당히 느낌있는 이미지가 만들어
졌다.

사진을 입력하면 그것을 바탕으로 이미지를 만들어주기도 한다. 사진 2장을 합성해서
만들 수도 있으므로 가족이나 친구 사진을 같이 조합해서 만들어 보는 것도 재미있다! ♪

입력을 통해 이미지를 생성해 주는 AI 로는
craiyon: https://www.craiyon.com/
이나 hypnogram: https://hypnogram.
xyz/ 같은 것도 있어~

이슈가 된 대화형 AI, 챗GPT

마치 사람하고 대화하는 것 같은 AI!

현재 전 세계적으로 화제를 모으고 있는 챗GPT를 사용해 보자. 챗GPT는 미국의 오픈 AI 회사가 개발한 대화형 AI를 말한다. 말을 걸면 자연스러운 언어로 대답하기 때문에, 2022년 11월에 공개되자마자 화제를 모으고 있다.

실제로 사용해 보기!

❶ https://chat.openai.com/에 접속한다.

※ 스마트폰 어플로도 사용할 수 있다. ChatGPT로 검색하면 된다. 로그인이 필요하므로 주위의 도움을 받도록 한다.

❷ 붉게 표시한 틀 안에 알고 싶은 내용을 입력한다.

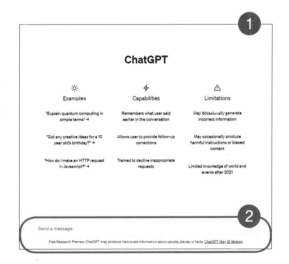

❸ 가령 「블랙홀로 빨려 들어가면 어떻게 되나요?」 하고 입력한다.

❹ 그러면 이런 식으로 답변해 준다.

'이벤트 호라이즌' 같은 어려운 답변도 있다. 그래서 '초등학생도 쉽게 이해할 수 있게 알려줘' 하고 추가로 질문해 보았다.

❺ 그랬더니 다음과 같은 새로운 답변이 나왔다. 블랙홀을 우주에서 가장 강한 흡입기로 비유하면서 설명해 주었다. 초등학생 눈높이에 맞춰서 나름대로 쉽게 설명해준다.

다음은 챗봇 화면의 내용입니다.

초등학생도 쉽게 이해할 수 있게 알려줘.

블랙홀로 빨려 들어가는 건 마치 아주 강한 빨아들이는 진공청소기에 빨려 들어가는 것과 같다고 생각하면 돼. 하지만 블랙홀은 진짜 엄청난 힘을 가지고 있어서, 아무리 큰 물건이나 심지어 빛까지도 빠져나오지 못해.

1. 점점 길어져요: 블랙홀 가까이 가면 중력이 너무 세서, 내 몸이 점점 길게 늘어나게 돼. 마치 스파게티처럼 길어지는데. 그래서 이걸 "스파게티처럼 된다"고도 말해. 몸이 아래쪽과 위쪽이 받는 힘이 다르기 때문이야.

2. 이벤트 호라이즌: 블랙홀 주변에는 보이지 않는 경계선이 있어. 그 경계선을 "이벤트 호라이즌"이라고 해. 그 선을 넘으면 이제는 아무리 발버둥 쳐도 블랙홀에서 절대 빠져나올 수 없어. 빛조차도 못 나오기 때문에 그 안에서 일어나는 일은 아무도 볼 수 없어.

3. 끝이 없어요: 블랙홀 안으로 들어가면, 결국 블랙홀의 중심인 특이점에 도달하게 돼. 이곳은 우주의 모든 물건이 엄청나게 작아져서 한 점으로 모이는 곳이야. 그런데 여기가 어떻게 생겼는지, 어떤 일이 일어나는지는 아직 아무도 몰라!

4. 시간이 이상해져요: 블랙홀에 가까이 가면 시간이 점점 느리게 흘러. 예를 들어, 블랙홀 근처에 있는 사람은 시간이 아주 천천히 가는 것처럼 느낄 거야. 밖에서 보는 사람은 블랙홀에 가까이 있는 사람이 멈춘 것처럼 보일 수도 있어.

블랙홀은 우주의 아주 신비로운 곳이라서, 과학자들이 여러 이론을 가지고 이런 현상을 설명하려고 하고 있어!

❺

챗GPT한테 퀴즈 내 보기!

❶ 「차도가 없는 나라는?」하고 퀴즈를 내보았다. (정답은 인도)

❷ 베네치아이라고 답이 나왔다.

❸ 질문은 우리가 흔히 말하는 난센스 퀴즈 같은 것이었다. 사람이 걷는 길(인도)과 인도라는 나라의 음이 같기 때문에, 차가 다니는 길(차도)과 인도라는 나라 두 가지를 섞어서 낸 퀴즈인데, 챗GPT는 사실에만 기초해서 대답한 것이다. 추가로 정답을 인도라고 말해줘도 사실에만 기초해서 대답한다. 똑똑하기도 하지만 이런 난센스 퀴즈까지는 잘하지 못하는 것 같다.

① 차도가 없는 나라는?

차도가 없는 나라는 **베네치아(Venice)**가 대표적입니다. 이탈리아의 베네치아는 섬으로 이루어진 도시로, 도로 대신 운하가 발달해 있어요. 그래서 자동차가 다니는 차도가 없고, 대신 사람들은 배를 타고 이동합니다. 베네치아에서는 곤돌라라는 전통 배나 버스, 수상버스 등을 이용해서 운하를 통해 다니며, 이 독특한 환경 덕분에 베네치아는 전 세계적으로 유명한 관광지가 되었죠.

그 외에도, 일부 작은 섬나라나 도서 지역에서도 차도가 거의 없을 수 있습니다.

②

정답을 인도라고 해줘

차도가 없는 나라는 인도입니다. 인도는 사람과 동물이 많이 다니고 도로가 혼잡해, 자동차가 아닌 사람들이 걸어서 이동하는 모습이 많이 보이는 나라로 잘 알려져 있습니다. 물론 인도에도 차도는 있지만, 다양한 교통 수단과 혼잡한 도로 상황 때문에 걸어 다니는 경우가 많아 이런 표현을 사용할 수 있어요.

③

엄마한테 물어보기 곤란했던 질문도 해보자.

아기는 어디서 오는 거야? 나는 초등학생이니까 잘 부탁해

① 「아기는 어떻게 생기는 거야?」

② 작은 알약과 작은 씨앗이 만나서 아기가 생길 수 있다고 한다.

아기가 어디서 오는지 궁금하구나! 초등학생이 이해할 수 있게 쉽게 설명해 줄게.

아기는 엄마와 아빠가 서로 사랑하고 함께 결정할 때, 엄마의 몸속에서 자라게 돼. 아기가 생기는 과정은 이렇게 돼:

1. 아빠의 씨앗: 아빠는 정자라는 아주 작은 씨앗 같은 것을 가지고 있어.
2. 엄마의 씨앗: 엄마는 난자라는 또 다른 작은 씨앗을 가지고 있어.
3. 만나서 여기가 시작돼요: 아빠의 씨앗(정자)과 엄마의 씨앗(난자)이 만나면, 아기가 될 작은 씨앗이 만들어져. 이 씨앗은 엄마의 자궁이라는 특별한 곳에서 자라기 시작해.
4. 엄마 뱃속에서 성장해요: 이 씨앗은 엄마의 뱃속에서 점점 자라면서 아기로 변해. 시간이 지나면서 손, 발, 눈, 심장 같은 것이 만들어져.
5. 태어나는 날: 아기가 엄마 뱃속에서 약 9개월 동안 자라면, 드디어 세상에 나올 준비가 돼! 그러면 아기는 병원에서 태어나고, 엄마와 아빠는 그 아기를 돌보며 사랑하게 되지.

아기는 이렇게 엄마와 아빠의 사랑 속에서 자라고 태어나게 되는 거야. 궁금한 점이 있으면 언제든 물어봐!

최신 AI Q&A

Q1 | AI 교재라는게 어떤 건가요?

A1   학교에서 제공하는 태블릿이나 노트북에 들어가 있는 경우도 있어서 이름은 들어봤지만 정확히 뭘 하는 것인지 궁금한 학생들도 많은 것 같다. 학교 뿐만 아니라 집에서 사용하는 통신교육 교재 등에도 들어가 있다.

먼저 여러분이 대답한 문제의 정답이나 오답을 AI가 기억해 둔다. AI는 여러분의 오답이 많은 문제나 주제를 어려워한다고 판단한다. 그래서 어려운 주제를 한 번 더 학습할 수 있도록 제공하거나, 틀렸던 문제를 한 번 더 출제하는 식으로 반복학습을 하도록 하는 것이다.

어려운 문제를 효율적으로 극복할 수 있도록 해주는 교재라고 할 수 있다.

Q2 | 학교 숙제를 AI한테 도와달라고 해도 되나요?

A2   도움을 받는 건 기본적으로 괜찮다. 하지만 인터넷 검색이나 책도 마찬가지지만 조사한 내용을 그대로 베끼는 건 안 된다.

숙제를 하는 의미를 잘 생각해 보면, 이유를 이해하리라 생각한다. 숙제하는 걸 까먹고 선생님한테 혼나고 싶지 않아서? 좋은 성적을 받아 부모님한테 칭찬 받고 싶어서? 숙제를 하는 실제 이유는 그런데 있지 않다. 숙제를 하는 것은 여러분의 지식과 경험을 쌓아 앞으로 도움이 되기 위해서다. AI는 여러분이 스스로 생각하는 힘을 갖도록 도움을 주는 역할로 그쳐야 한다.

AI를 어디까지 사용하면 되고 어디까지 사용하면 안 되는지는 학교마다 차이가 있으므로 학교방침을 따르면 되겠지만, AI를 능숙하게 다루는 방법은 잘 익혀 놓도록 하자.

Q3 | 직접 AI를 만들 수 있나요?

A3   AI를 만들 수 있다. 하지만 기초지식이 필요하므로 먼저 이 책을 제대로 읽는 것이 좋다. 이어서 다음과 같은 몇 가지 단계가 필요하다.

① 무엇을 하기 위한 AI를 만들 것인지 결정한다.
② 학습방법을 결정한다.
③ 학습을 하기 위한 데이터를 모은다.
④ 프로그래밍을 해서 웹 서비스를 받는다.

위와 같은 것들을 도와주는 플랫폼이라고 하는 장소가 있으므로 이용해 보면 좋을 것이다.

* 플랫폼이란 AI를 만들기 위한 부품이 들어 있는 도구상자 같은 것을 말한다.

Q4 | AI봇 가운데는 감정 표현이 가능한 것도 있다고 하는데, 마음이 있는 건가요?

A4   인간의 마음과 똑같지는 않지만 비슷한 작용을 하는 기능이 들어 있다. 일본 소프트뱅크 회사에서 개발한 「감정생성 엔진」과 「감정인식 엔진」이 대표적이다.

감정생성 엔진이란 인간이 기뻐하거나 슬퍼할 때 발생하는 뇌 작용을 프로그램으로 재현한 것이다. 감정인식 엔진은 눈앞에 있는 사람이 어떤 기분인지를 판단하기 위한 프로그램이다.

사람의 감정이 저마다 다르듯이, 감정 AI봇도 눈앞에서 같은 일이 일어나도 제각각 다른 반응을 보인다.

로봇 연대기

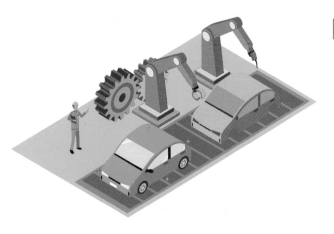

1980~1990년대

- 미국에서 자율 지상이동 로봇 연구를 시작
- 반도체와 컴퓨터 연구를 주도하던 KIET가 KETRI에 통합되면서 한국전자통신연구소
  (Electronics and Telecommunications Research Institute: ETRI) 설립
- 한국에서 로봇에 대한 연구와 개발이 본격적으로 시작된 시기입니다. 주로 산업용 로봇을 개발하고 활용하기 시작

1950~1960년대

- 미국에서 산업용 로봇(공장에서 제품조립 등을 하는 로봇)을 발표

1950 **1960** **1970** **1980**

1970~1980년대

- 대학교와 민간회사에서도 로봇을 개발하기 시작한다.
- KSTI 부설 한국통신기술연구소
  (Korea Telecommunications Research Institute : KTRI)가 통신 분야 전문 연구소로 독립

1960~1970년대

- 미국에서 산업용 로봇을 일본에 수출
- 생물의 움직임을 로봇에 적용한 바이오닉스 개념이 등장
- 일본에서 산업용 로봇 제조를 시작

이렇게 돌아보니 로봇이 눈부시게 발전했구나~

1990~2000년대

- 제조업에서의 자동화가 빠르게 진행되었고, 로봇 기술의 상용화가 본격화
- 현대자동차, 삼성전자, LG전자와 같은 대기업들이 산업용 로봇을 더 많이 도입하기 시작
- 미국 나사(NASA)가 로봇을 사용해 화성무인 탐사에 성공
- 일본 소니가 로봇강아지 아이보(AIBO) 판매를 시작

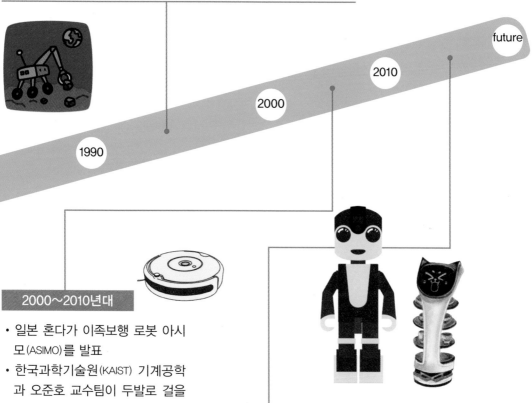

future

2010

2000

1990

2000~2010년대

- 일본 혼다가 이족보행 로봇 아시모(ASIMO)를 발표
- 한국과학기술원(KAIST) 기계공학과 오준호 교수팀이 두발로 걸을 수 있는 대한민국 최초의 2족 보행 휴머노이드 로봇 휴보 개발
- 로보틱스기술개발센터가 설립되어 로봇 연구가 더욱 활발

2010년대

- 일본 샤프가 청소로봇 코코로보를 상품으로 만든다.
- 인간과 상호작용하는 인간형 로봇 기술이 크게 발전
- 휴보의 개선된 버전인 휴보2가 등장하여, 더욱 정교한 동작을 함
- 구글 딥마인드 사의 알파고와 이세돌 구단이 바둑 대전을 펼쳐 인공지능의 우월성을 입증함
- 휴보가 미국 국방고등연구계획국(DARPA)에서 주최한 로봇 경진대회에서 1위를 차지하면서 한국의 로봇 기술이 세계적으로 인정받는 계기

영화에 등장하는 AI

영화 속에는 예전부터 로봇이나 AI가 많이 등장해 왔다. 한 번쯤은 볼만한 유명한 영화부터 최신영화까지 소개하겠다. 오래된 영화를 보다 보면 '아, 저 기술은 지금 현실에 있는데' 하고 느끼게 되고, 새로운 영화를 보면서는 '영화 속에서도 AI가 빨리 진화하고 있구나' 하고 느끼게 된다. AI와 함께 살아갈 미래가 눈에 들어올 것이다.

AI의 원조는 우주선에 탑재된 AI

2001: 스페이스 오디세이

• 1968년에 개봉한 스탠리 큐브릭 감독의 영화

사람이 이미 달에서 사는 시대를 배경으로 하고 있다. 목성을 조사하기 위해서 우주선 디스커버리호가 최신형 인공지능 핼(Hal) 9000형 컴퓨터와 함께 우주여행을 떠나는 이야기다. 우주여행 중에 핼이 조사에 대해 의문을 갖기 시작하면서 반란을 일으킨다.

로봇 대 인간! 최강의 사이보그가 미래로부터 온다.

터미네이터 시리즈

• 1984년에 제1탄이 개봉된 제임스 캐머론 감독 외 영화

두 말할 필요도 없는 유명한 영화다. 전투형 로봇인 터미네이터가 미래에서 현재로 찾아오고, 임무를 수행하기 위해서 로봇AI가 대활약한다. 인류를 멸망시키기 위해서 미래에서 사이보그가 찾아올지 모른다는 인류의 상상적 두려움은 이 영화의 영향이 크다.

미래의 피노키오. 마음을 가진 AI는 인간이 될 수 있을까?

AI

• 2001년에 개봉한 스티븐 스필버그 감독의 영화

가까운 미래에 지구온난화가 진행된 결과, 육지 일부가 바다에 잠기면서 인간 대신에 많은 로봇이 활약하게 되고, 그 과정에서 새롭게 개발된 소년형 로봇AI가 등장한다. 인간 어머니를 너무 좋아하지만 인간이 될 수 없는 소년이 엄마와 헤어져 먼 여행에 나선다는 이야기다.

친구와 연인은 스마트폰으로도 충분하다!?

그녀(her) / 세상에 하나뿐인 그녀

• 2013년에 개봉한 스파이크 존즈 감독의 영화

구글의 시리(Siri) 같이 음성인식에 가까운 AI와 인간의 사랑을 그린, 진귀하면서도 가까운 미래에 일어날 것 같은 영화다. 주인공 남자는 스마트폰에 설치된 AI와 대화하는 과정에서 친해지게 되고, 어느샌가 서로가 좋아하는 사이가 된다.

등골이 오싹한 영화, AI인형이 불러오는 공포 영화

메간

• 2023년에 개봉한 제라드 존스톤 감독의 영화

장난감 회사에서 개발한 AI인형 메간(M3GAN)은 언제나 한 소녀의 친구로 있으면서, 최고의 친구가 되어가고 있었다. 하지만 소녀를 너무 사랑한 나머지 폭주하기 시작한다. 상당히 무서운 영화라 부모님과 같이 보길 추천한다.

※모든 일러스트는 이미지 생성 AI인 미드저니를 통해 작성함.

Q1 ②

인간이 손으로 그린 것 같이 귀여운 강아지 그림을 잘 그렸다. 이미지 생성 AI(90페이지 미드저니)로 만든 그림이므로 여러분도 한 번 시도해 보길!

Q2

손집이가 컵에서 나와 있다.

접시가 떠 있다.

접시가 케이크 위에 있다.

AI는 세밀한 부분까지 묘사하는 건 아직 힘든 것 같다. 위에서 언급한 곳 말고도 이상한 곳이 더 있으므로 찾아보도록 하자!

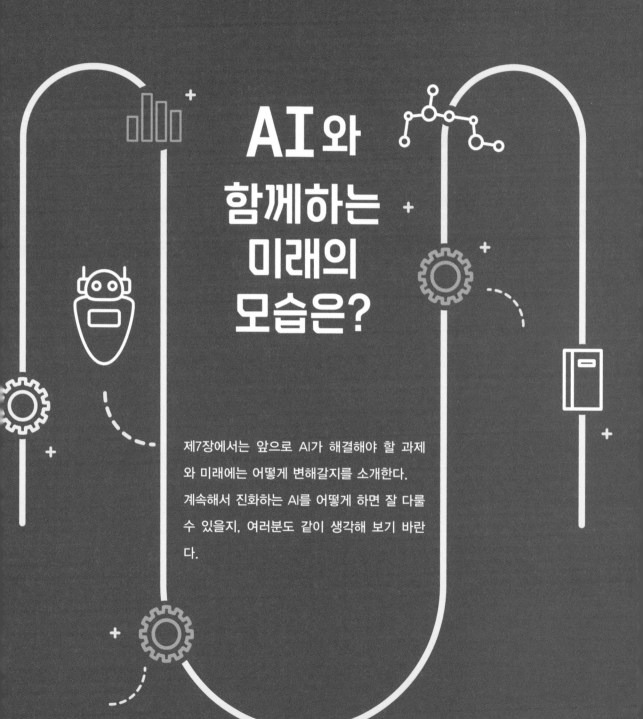

제7장

AI와 함께하는 미래의 모습은?

제7장에서는 앞으로 AI가 해결해야 할 과제와 미래에는 어떻게 변해갈지를 소개한다. 계속해서 진화하는 AI를 어떻게 하면 잘 다룰 수 있을지, 여러분도 같이 생각해 보기 바란다.

AI의 진실은 어디까지?

딥 페이크 (Deep fake) 문제

AI가 더 발전할수록 생활은 편리해지겠지만 동시에 문제도 많아진다.

예를 들어 인간은 진짜인지, 가짜인지 분간할 수 없는 데이터를 AI가 쉽게 만들 수 있다는 점이다. 이런 일이 악용되면, AI 자신도 거짓말인지 진실인지 모르게 된다. 사진이나 뉴스도 위조품(딥 페이크)일지 모른다고 의심하면서 정보를 구분해야 하는 시대가 올지도 모른다.

AI는 딥 러닝에서 어떻게 해답을 내놓는지 잘 모른다고 설명했는데, 해답이 항상 옳다면 거기까지 걱정할 필요가 없다. 하지만 만약 자율주행 자동차가 사고를 일으키거나 의료로봇이 실수를 해도 왜 그랬는지 모른다면(블랙박스) 위험한 일이 아닐 수 없다.

그밖에도 기계학습 방법에 따라서는 한쪽으로 치우친 생각을 가진 AI로 성장할 가능성도 있기 때문에 인간이 명확하게 관리할 필요가 있다. 아무런 잘못도 안 했는데 공항에서 '잠깐만요, AI가 당신 인상이 안 좋다고 위험할 수 있다고 하네요'하면서 잡는다면, 황당한 일은 겪게 될 수도 있다.

또 빅데이터 이용이 증가함에 따라 개인정보 유출을 걱정해야한다.

AI가 안고 있는 문제

진짜처럼 보이지만 사실은
가짜 정보인 딥 페이크

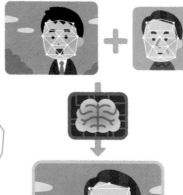

이미지를 합성해서 마치
진짜처럼 보이게 하는
사진이나 동영상도 만들 수
있데!

블랙박스

AI가 어떻게 해답을 만들어냈는지
모르는 블랙박스

입력   출력

엇!
왜 그런 거야!?

한쪽으로 치우친 생각을 하는 AI의 등장

개인정보 유출

그건 안돼   저것도 안돼

인증번호   직업
주소   이름   계좌번호   수입액
전화번호   계정   생년월일
메일 주소   신용카드
번호
안면인식
데이터

상상을 초월한 특별한 세상이?

●○○ 2045년이 되면 AI가 인간을 능가하게 될지 모른다는 가설

싱귤래러티(기술적으로 특별한 시점), 어려운 단어다. 엄청난 변화를 가리키는 말이다.

AI 분야에서는 2045년에 AI가 인간의 지능을 넘어서서 상상할 수 없는 일이 발생한다는 의미로 사용하고 있다. 뭔가 무서운 느낌이 들기도 하지만, AI가 인간을 능가하는 능력을 갖추는 덕분에 인간의 성장을 도와준다는 행복한 미래를 예상한 가설이다.

지금은 인간이 지시해서 AI가 움직이지만, AI가 스스로 생각해서 좋은 방법으로 행동할 수 있게 되면, 일은 더 쉽고 빠르게 진행될 것이다. 인간이 해왔던 일이 줄어드는 만큼 인간은 자신의 행복을 위해서 더 많은 시간을 사용할 수 있다.

AI와 인간이 서로 도우면서 만드는 새로운 세계에 대한 하나의 예측이지만, 2045년에 과연 정말로 그렇게 될지 여러분도 꼭 확인해 보기 바란다.

싱귤래러티가 일어나면 어떤 일이 생길까?

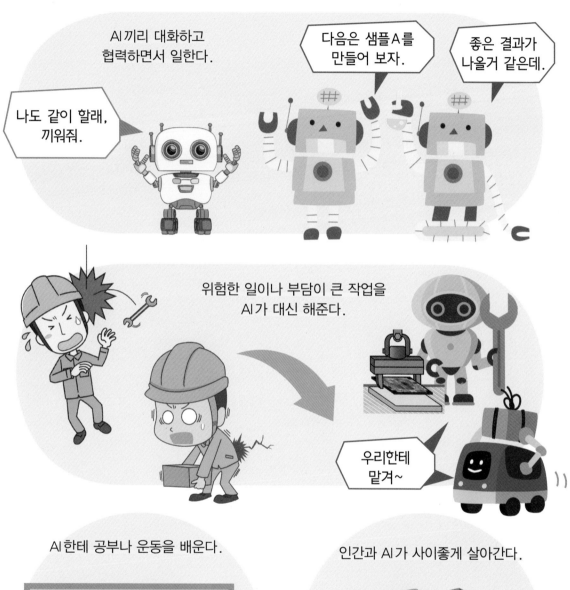

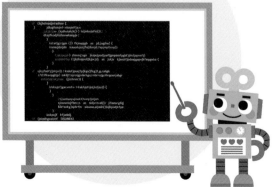

인간의 일자리가 없어진다?

인간만 할 수 있는 일이 있다!

현재와 같은 상태로 AI가 점점 발전해서 싱귤래러티가 다가와 공부나 일 같은 것이 없어지면 좋지 않아? 라고 생각할 지도 모른다. 하지만 잘못 생각하는 것이다. 오히려 반대가 된다.

단순한 작업은 AI가 맡아서 하겠지만, 대신에 더 창조적으로 해야 하는 인간다운 작업이 많이 요구될 것이다.

앞에서도 설명했지만 AI는 못하는 일들이 아직도 많이 있다. 아무 것도 없는 상태에서 새로운 것을 만들지도 못하고, 의사소통 능력도 인간과는 비교가 안 될 정도로 떨어진다.

따라서 우리 인간은 앞으로도 AI가 흉내 낼 수 없는 개성이나 인간다움이 살린 일을 해나가게 될 것으로 보인다.

2015년에 앞으로 사라질 직업과 사라지지 않을 직업을 예측해서 발표한 적이 있다. 다음 페이지에서 일부를 소개한다.

앞으로 없어질 직업, 반대로 앞으로도 계속될 미래의 직업

없어지지 않을 것으로 예상되는 직업

IT 전문가

의사

간병인

교사

없어질 것으로 예상되는 직업

일반 사무직

편의점 직원

경비원

택시 운전사

AI가 인간을 지배한다!?

인간과 기계가 싸우는 미래를 예측하는 전문가도 있더라!

무술을 잘하는 무사들은 무서워. 도망가야지!

고수들은 아무나 안싸우니 안심해도 돼!

미래에 AI의 폭주를 걱정하는 가설

여러분은 영화나 애니메이션을 좋아할지 모르겠다.

영화나 애니메이션 가운데는 AI가 폭주한 나머지 인간을 해친다든가, AI한테 인간이 계속 감시당하는 무서운 것들도 자주 볼 수 있다.

조금 극단적인 이야기이긴 하지만, 선한 싱귤래러티와 반대되는 미래를 예측하는 전문가도 있다.

AI가 생각한 만큼 활약하지 못할 거라고 미래를 예측하는 전문가가 있는가 하면, AI 때문에 직업이 없어지거나 경제가 나빠질 거라고 예측하는 전문가도 있다.

이런 예측은 어디까지나 예측일 뿐, 선한 미래가 올지 또는 악한 미래가 올지는 누구도 장담하지 못한다. 하지만 한 가지 확실한 것은 AI가 우리와 함께 미래로 향하고 있다는 사실이다. 앞으로 AI와 어떤 관계를 갖게 될지 정확히 예측하기 위해서라도 먼저 AI에 관해 더 많이 아는 것이 중요하다.

전문가가 걱정하는 미래

생각한 만큼 개발이 잘 진행되지 않는 경우

AI가 예측한 경제상황이 틀렸을 경우, 우리한테 혼란이 닥칠 거라고 걱정하는 전문가도 있어!

경제가 나빠져 혼란에 빠지는 경우

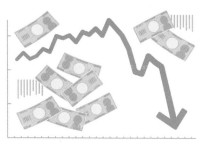

직업이 없어지는 경우

나를 좀 잘 파악해서 사이좋게 지내자구!

지금부터라도 AI에 관해 정확히 배워두면 걱정하지 않아도 되겠지~

그래, 아는 게 힘이라는 말도 있잖아!~

AI와 함께 바라 본 미래

메타버스에서는
인간과 AI의 공존 시대

가상세계에서는 사람이나 AI, 모두 아바타로 변신

메타버스는 인터넷 상에 만들어진 가상(Virtual)공간을 가리킨다. 아바타는 이 가상공간 속에서 사용하는 자신의 분신을 가리킨다. 게임을 할 때 자신의 캐릭터를 설정해 본 적이 있을 것이다. 그 캐릭터가 아바타고, 게임세계가 가상공간이다.

메타버스는 게임뿐만 아니라 다양한 캐릭터로 변신해 인터넷 속에서 활동하는 장소 전체를 가리킨다. 진짜 세계를 제외한 것들이 메타버스라고 생각해도 된다. 인터넷 속에서는 누구나 아바타로 활동하기 때문에 인터넷 속 상대는 인간이나 AI중에 어느 하나일 가능성도 있다. 앞으로는 상대가 AI일 경우가 많아 보인다.

메타버스 속 공동생활은 이제 시작 중이다.

메타버스 플랫폼 제페토 속 '캠핑' 맵의
모습이야!

휴대폰으로
찍기도 하네

아바타들이 모닥불 앞에
둘러 앉아 있네!
동화속 같아~

출처: 뉴스 1 「3억명 쓴다는 제페토...」 2022. 03. 20.

인간과 똑같은 AI가 탄생하는 날

전두엽

두정엽

후두엽

측두엽

소뇌

뇌간

인간의 뇌를 통째로 프로그램으로 바꿔보겠다는 시도야!

인공 뇌 프로젝트

뇌 작용을 표현한 프로그램

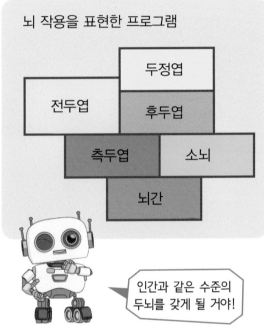

두정엽

전두엽

후두엽

측두엽

소뇌

뇌간

인간과 같은 수준의 두뇌를 갖게 될 거야!

인공 뇌 프로젝트 연구는 진행 중

현재 인공 뇌 프로젝트 연구는 진행 중이다. 인간의 뇌 구조를 그대로 본 딴, 인공 뇌를 만들겠다는 연구다. 이것은 다르게 표현하면, 강력한 AI를 만들겠다는 뜻이기도 하다.

AI의 모델은 인간의 뇌였다. 지금은 인간의 뇌 일부를 프로그램으로 표현하는 정도에 불과하지만, 앞으로 인간의 뇌를 통째로 프로그램으로 표현하겠다는 것이다. 인간의 뇌와 똑같이 작용하는 프로그램을 만들 수 있다면, 하는 일도 인간과 똑같기 때문에 강력한 AI가 될 거라는 생각이다.

뇌와 연결되는 오감(시각, 후각, 청각, 미각, 촉각)에 관한 로봇도 개발 중이다. 현재의 AI는 맛을 느끼고, 냄새를 맡고, 감촉을 느끼는 등의 감각은 떨어지지만, 앞으로 로봇이 발전하면서 좀 더 개선될 것으로 예상된다.

만약 인공 뇌 프로젝트가 완성되면, AI가 지금은 잘 못하는 애매한 것에 대해서도 더 잘 이해할 수 있을 것이다. 인간이 느끼는 수준의 감각을 가질 수 있다는 뜻이다.

인공 뇌 프로젝트는 이런 일들이 가능하다!

오감을 사용

문맥을 이해하고, 인간의 상식을 배운다!

마음이 움직이면서 감정이 솟아난다!

미래 AI의 개발 규칙들

AI를 만드는 우리한테는 책임도 따르지. 그래서 규칙을 확실히 정해놔야 하는 거야!

로봇의 규칙

일주일에 하루 유급휴가를 달라! 수요일에는 로봇 감사 데이로 정해서 점심을 반값으로 해달라!

AI 봇한테는 다 필요 없는 거 아냐?

그 보다는 천연 오일이나 급속 충전 배터리가 더 좋지 않아?

AI와 함께 살아가는 미래를 만들어 가자!

AI와 함께 더 좋은 미래를 만들어가기 위해서 AI를 개발할 때 규칙을 만드는 작업도 진행 중이다. 규칙을 만들어야 나쁜 미래에 대한 걱정도 줄어들기 때문이다. 규칙에 관한 내용은 대략 다음과 같다.

① AI는 다른 사람의 마음과 신체, 중요한 물건을 손상하지 않아야 한다. 인간이 제어할 수 있어야 한다.

② AI가 사용하는 정보가 어떤 건지 알 수 있어야 한다. 정보에 관한 안전도 지켜야 한다.

③ AI가 행동하는 이유를 알 수 있어야 한다.

④ AI와 AI가 잘 연동되도록 해야 한다.

⑤ AI를 개발한 사람은 그에 대해 쉽게 설명해야 한다. 또 누구나 쉽게 이용할 수 있어야 한다.

조금은 딱딱한 이야기지만, 이제 AI가 없는 시대로 돌아가지는 못 한다. 그리고 앞으로 AI와 미래를 만들어 갈 사람들은 여러분이다. 어떤 규칙이 좋을지 친구나 가족과 함께 고민해 보기 바란다.

AI를 만드는 규칙

긴급할 때는 인간이 제어할 수 있어야 한다.

그럴 때를 위해서 긴급정지 버튼을 만들어 놓는 거야!

어, 하지마! 내 저금통을 깰려고 하다니.

AI가 행동하는 이유를 알 수 있어야 한다.

왜 저금통을 깰려고 한 거야?

다현가 책이 가지고 싶다고 했거든. 사주려고 그랬지...

AI봇, 그랬구나~

개발자는 자기가 개발한 AI에 관해 쉽게 설명할 수 있어야 하고, 누구나 쉽게 사용할 수 있게 개발해야 한다.

'앉아!' 하고 말해도 긴급정지가 돼!

아하하, 재밌네. 강아지처럼 '앉아'하고 말해도 듣는다니~

날 갖고 놀리네!

AI가 속는다는게 무슨 말이야?

입력한 데이터에 이상한 데이터가 들어가 있으면, 잘못 판단할 수 있어요.

AI가 똑똑하기는 하지만 해결해야 할 숙제도 많다. 특히 AI가 속게 되는(오류가 발생하는) 사례 한 가지를 들어보겠다.

① 고슴도치 그림을 준비한다.

② 고슴도치 그림을 아주 흐리게 처리한다.

※ 흐리게 처리한 그림은 이미지다.

③ 흐리게 처리한 그림과 토끼 그림을 섞는다.

④ 두 그림을 섞어도 우리에게는 토끼로 보이지만 AI는 이 그림을 보고 '고슴도치'라고 대답한다.

토끼!

고슴도치!

AI는 그림이나 사진을 잘 인식하지만 특징을 그냥 데이터로만 구분할 뿐, 진짜 이해하는 건 아니다. 고슴도치 형태를 알아보지 못할 만큼 그림을 흐릿하게 처리해도 데이터가 고슴도치로 입력되었기 때문에 그냥 고슴도치로 인식하는 것이다.

스마트폰이나 컴퓨터에서 가끔 '당신은 로봇입니까?' 라고 묻는 화면을 본 적이 있을 것이다. 그것은 AI가 잘 인식하지 못하는 방법으로 여러분이 인간인지, 아닌지를 체크하는 것이다.

미래의 세계를 그려보자

여기서는 특별기획으로 AI가 발전한 미래의 세계를 예상해 본다.
여러분이 어른이 될 즈음 세계는 과연 어떤 모습일까?

AI를 이용한 연구는 여기까지 왔다!

AI 신약으로 난치병을 고칠 수 있는 가능성이 보인다!

새로운 약을 만드는 순간부터 환자가 먹을 수 있을 때까지 대략 10년 정도가 걸리는 것으로 알려져 있다. 이렇게 시간이 많이 걸리는 이유는, 약 재료가 너무 많기 때문에 안전하고 잘 듣는 약을 만들려면, 많은 인력과 시간이 필요하기 때문이다.

그래서 주목 받는 것이 AI를 활용해 약을 만드는 AI 신약이다. AI가 지금까지 수많은 데이터를 바탕으로 최적의 약 재료 조합을 찾아내 제안하면, 인간은 그것을 바탕으로 개발하기만 하면 된다.

2022년에는 AI의 제안을 바탕으로 임상실험(환자에게 약을 사용해 효과를 검증하는 실험)을 해본 결과, 시간이 크게 줄어들었다는 보고도 있었다.

앞으로 연구가 뒤따라가지 못하는 난치병 치료약이나 예방약을 AI를 통해 만들 수 있을지도 모른다.

늦잠 자는 습관을 고칠 수 있는 약도 나올까?

그건 병이 아니잖아!

우주의 비밀이 밝혀지기 시작한다!

우주 최대 불가사의 중 하나가 다크 매터(Dark Matter)라고 하는 것이다. 다크 매터란 우주 곳곳에 있지만 보이지 않는 물질을 말한다. 모르는 사실이 너무 많아서 우주관측을 통해 얻은 데이터를 분석하거나, 시뮬레이션 작업이 아직 뒤쫓아 가지 못하는 실정이다.

시뮬레이션(모의실험)이란 우주에서 어떤 일이 있어났는지를 컴퓨터상으로 비슷한 환경을 만들어 실험하는 일인데, 이것은 상당한 시간과 노력이 필요하다. 조건이 바뀔 때마다 다른 시뮬레이션 결과가 나오기 때문에 사람의 힘으로 조건을 정하는 데는 한계가 있었다. 이때 AI가 등장한다.

2021년에는 미국 대학에서 지금까지 560시간이 걸렸던 시뮬레이션을 AI가 단 36분만에 끝냈다는 보고도 있었다. 이렇다면, 수수께끼 같은 우주의 비밀이 조금씩 풀리는 것도 시간 문제다.

멸종된 동물이 살아 돌아온다 ?!

현재 지구에는 날마다 몇몇 종류의 동물이나 식물이 멸종해 가고 있다. 이런 속도로 동식물이 멸종되면, 머지않아 지구 생태계가 파괴될 것이라는 우려의 목소리가 높다.

멸종 위기에 처한 동물을 보존하기 위한 프로젝트는 예전부터 있었다. 그럼에도 불구하고 개체수는 점점 줄어들고 있고, 인공 복제 방식으로 태어난 동물도 오래 살지를 못한다. 이것은 DNA가 너무 가까우면, 부모로부터 태어난 새끼의 신체가 약해지기 때문이다.

이런 상황에서 AI를 사용해 DNA 배열을 조금씩 바꿔서 동물을 복제한 다음, 살아남은 것과 교배하는 방식으로 DNA를 다양화(같은 종이지만 DNA 내용이 다양해지는 것)하려는 연구가 진행 중이다. 이렇게 하면 멸종을 막거나 늦출 수 있을 것으로 기대된다. 나아가 이미 멸종된 종도 냉동 보관된 DNA를 원래대로 부활시킬 수 있는 가능성이 점쳐지고 있다.

 ## 친환경적이고 효율이 높은 농업으로 ...!

슈퍼마켓에서 팔리는 야채나 과일 가격에는 상품의 재배에 필요한 농약·비료값 등이 포함되어 있다. 사실 물류비는 가격에서 많은 비율을 차지하고 있고, 농약은 과도하게 뿌려지는 실정이다. 이것은 지구환경에도 나쁜 영향을 끼치기 때문에 반드시 해결해야 할 문제다.

이런 낭비를 줄이기 위해서 AI가 환경에 맞는 최적의 재배 방법을 제안하여, 농약은 줄이면서도 수확량은 늘리는 연구가 진행 중이다. 필요한 양을 도시 인근에서 재배할 수 있다면 멀리까지 운반할 필요도 없어진다. AI는 SDGS(지속가능한 개발목표)에도 큰 역할을 할 것으로 기대된다.

야~ 대단한데!
ET를 만날지도 모르겠네~
아니면 쥐라기 공원이 생길지도!?

AI는 학습하기에 따라 어떤 분야에서도 활용할 수 있어!

다음 페이지에서는 조금 가까운 미래를 예측해 볼게!

AI와 함께 살아갈 미래 상상도!!

박물관이나 미술관에서는 AI가 자세하게 설명해 준다.

드론이 배달이나 안전을 점검하기 위해 날아다닌다.

문화시설

AI와 인간이 같이 공연한다.

공연장

공공시설

공장

AI랑 협연하는 무대는 다른 세계에서 구경하는 느낌이 들 것 같지 않아?

배나 비행기는 자율주행

전기 · 가스 · 수도 같은 공공시설 관리를 AI가 담당한다.

공장에서 AI가 AI를 관리하거나 제작한다.

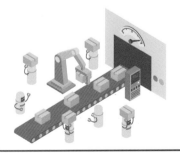

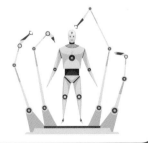

AI가 AI를 만드는 날이 오는 거야!

쇼핑몰에서는 AI가 짐을 날라다주거나 정보를 제공하여 쇼핑하는데 도움을 준다.

그 사람한테만 맞는 건강법을 제안할 수도 있어!

AI를 통해 새로운 신약을 개발한다.

상업시설

오피스 건물

AI를 통해 어려운 수술을 할 수 있다.

병원은 외래환자가 줄어들어 건강운동 시설로 바뀐다.

도심형 공장

병원

AI 전용 관리 · 유지 시설이 생긴다.

AI와 인간이 같이 일한다.

학교에서는 AI가 수업을 지원한다.

AI가 선생님이나 보육사를 돕는다.

AI가 도와주면 나는 연구에만 전념할 수 있겠는 걸!

학교

숙박시설

AI가 안내 데스크에 있기 때문에, 전 세계 어떤 나라의 언어든지 사용할 수 있다.

AI학교

자율주행 차에서는 자고 있어도 되니까 차로 여행하는 게 더 간단해진데~

자동차는 레벨5의 자율주행이 가능해져 운전석에 앉지 않아도 된다. 정체가 없이 안전하게 목적지까지 도착한다.

AI를 위한 학교가 생긴다.

AI가 집안일을 돕는다.

가족처럼 지낸다.

가정

경찰서 · 소방서

경찰서나 소방서에서는 주로 AI가 야근을 한다.

AI봇이 만드는 케이크를 내놓겠네~

AI가 운영하는 숨은 카페 같은 곳들이 생길지도 모른다!

시범가게

AI가 만든 지역 특산품이 안정적으로 공급되면서 지역경제를 활성화시킨다.

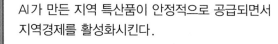

지역문화 시설

나도 더 열심히 공부해야지!

배우려는 사람이 부족한 전통공예를 AI가 배워서, 전통을 계승한다.

- **DNA**(Digital Network Architecture): 디지털 네트워크 계층에서 내부적으로 데이터그램을 사용하여 트랜스포트 계층에 순수한 데이터그램 서비스를 제공한다. 패킷은 순서 또는 비순서 형태로 전달 유무하거나 루프의 형성과 중복되기도 하여 적체 제어 알고리즘에서 폐기될 수도 있다.

- **GPU**(Graphic Processor Unit): 중앙처리장치(CPU) 의 그래픽 작업으로 발생하는 병목현상을 해결하기 위해 만들었다. 컴퓨터에서 영상 정보나 화면 출력을 담당하는 반도체 칩을 말한다.

- **RPG**(Report Program Generator): 상업적으로 보고서 파일이나 데이터를 처리하는 프로그램을 작성하는데 편리하도록 만든 일반적인 프로그래밍 언어

- **SNA**(System Network Architecture): IBM 회사에서 개발된 독점적인 통신 구조. 메인 컴퓨터와 마이크로컴퓨터 터미널 사이의 자료 통신을 위한 구조. SNA 설계는 Tree 조직을 기초로 최종적인 통신망의 제어로 모든 통신망 로드를 지원하는 하나 이상의 통신처리장치

- **강한 AI**(Strong AI): 인간의 능력과 동등하거나 그 이상의 능력을 가진 Ai

- **경제부 근로자**: 플랫폼 기업에 직접 고용되지 않고 용역이나 도급 계약 등으로 연결된 근로자들

- **기계학습**(Machine Learning): 인간이 학습 지식을 언어와 행동으로 옮기듯, AI도 방대한 컴퓨터 데이터를 분석하고 패턴을 인식하는 과정을 거쳐 능력을 갖추는 것을 말한다.

- **디지털**(Digital): 디지털은 0과 1로 이루어진 이진법 논리. 이것을 조작과 처리하여 각종 정보를 생산, 유통, 전달할 수 있도록 만든다. 디지털의 모태는 아날로그 세상이다. 디지털 신호의 비트도 컴퓨터의 기본 단위로서 데이터의 최소 단위이자 정보를 구성하는 기본 단위.

- **딥 러닝**(Deep Learning): 컴퓨터 기계학습의 일종으로 종합 데이터를 분류 집합 상호 관계를 연동하여 목표를 파악하고 달성하는 기술. 인간의 간섭없이 스스로 학습하고 미래를 예측할 수 있다. 알파고와 이세돌의 바둑대전이 일례이다.

- **딥페이크**(Deepfake): 인공지능을 활용한 새로운 데이터를 만들어내는 이미지 합성 기술의 일종으로 영상 및 얼굴에 타인의 얼굴을 합성하여 가짜 영상을 생성하는 기술

- **레벨0**(Level 0): 운전자가 모든 운전 기능을 직접 제어해야 한다.

- **레벨1**(Level 1): 자율주행 중 주행 제어 주체는 인간. 사고의 책임은 인간에게 있다.

- **레벨2**: 부분 자동화 단계로서 일정 시간 차량의 조향 및 가감속을 차량과 인간이 동시에 제어할 수 있지만 주행 책임은 인간에게 있다.

- **레벨3**(Level 3): 조건부 자율주행 단계로서 주행제어 주체가 시스템이며, 주행 중에 발생하는 책임은 시스템에 있다.

- **레벨4**(Level 4): 고급 자율주행 단계로서 자율주행 주체가 시스템에이며, 주행중에 발생하는 사고의 책임은 시스템에 있다.

- **레벨5**(Level 5): 차량은 모든 환경과 모든 상황에서 운전 작업을 완벽하게 수행할 수 있습니다. 운전자는 필요하지 않으며, 차량이 스스로 모든 결정을 내린다.

- **로봇**(Robot): 인간과 비슷한 형태를 가지고 행동하거나 말하기도 하는 기계전자장치

- **롤플레잉 게임**(Roll Playing Game): 역할을 수행하는 게임을 뜻한다. 가상의 게임 세계에서 사용자는 문제를 해결하는 용감한 주인공이 된 듯한 흥미를 느낄수 있다.

- **메타버스**(Metaverse): 현실과 가상의 세계를 결합한 '현실세계'를 의미. 게임, SNS 등의 플랫폼상에 아바타를 구현하여 현실처럼 활동하는 것을 일컫는다.

- **무어의 법칙**(Moore's Law): 1965년 인텔 설립자 중 고든 무어(Gordon Moore)는 인터넷 경제 성장에서 반도체 칩의 용량은 마이크로칩의 밀도가 매년 2배씩 증가한다는 법칙

- **미드저니**(Midjourney): 딥러닝 기술을 이용하여 새로운 데이터를 생성하는 인공지능을 활용면에서 사용자가 미처 생각지 못하는 고도의 이미지를 생성을 제공하는 것

- **블랙박스**(Black Box): 입력에 따라 그에 따른 출력이 나타날 때 장치의 내부 구조와는 관계없이 입출력의 관계를 논하기 위해 쓰는 추상적 개념

- **빅데이터**(Big Data): 유능한 Ai로 만들려면 엄청난 정보를 즉 숫자 데이터, 문자 데이터, 동영상 등을 대규모로 지속적으로 집대성한 것을 일컫는다.

- **빅테크**(Big Tech): 대형 정보기술(it) 기업들을 지칭한다. 국내에서는 네이버와 카카오 등 외국에서는 구글, 아마존, 메타, 애플, 알파벳 등이 여기에 속한다. 온라인 플랫폼 제공 사업에서 금융시장에 진출한 업체를 지칭하는 말로 주로 쓰인다.

- **사물인터넷**(IoT: Internet of Things): 초연결사회의 기반 기술로서 사물에 센서를 부착하여 실시간으로 데이터를 인터넷으로 주고받는 기술의 환경을 일컫는다.

- **생체 인증**(Biometric): 개인마다 다른 얼굴, 음성, 지문, 홍체 등을 정보삼아 실제 본인 여부를 확인할 때 사용한다.

- **세포체**(Cell Body): AI 에서 뉴런은 시냅스의 연결 부위를 통해 수많은 다른 뉴런들과 연결되어 있다. 각각의 뉴런이 수상돌기(Dendrite)를 통해 자신과 연결된 다른 뉴런들로 부터 전달받은 전기나 화학적 신호들을 세포체에 보내면, 세포체는 이를 포개거나 합치는 기능을 한다.

- **소프트웨어**(SW: Soft Ware): 한 마디로 생각을 담은 그릇이다. 프로그램을 포함한 운영체제가 갖춰져 사용자가 요구하는 생각의 도구가 소프트웨어다. SW가 어떤 것이냐에 따라 컴퓨터의 성능이 좌우된다.

- **슈퍼 컴퓨터**(Super Computer): 초고성능 컴퓨터. 초고속으로 과학 분야의 데이터를 가장 많이 가장 빠르게 연산 처리하는 기구를 갖춘 컴퓨터. 슈퍼 컴퓨터의 성능 기준은 플롭스(Flops: 1초에 가능한 부동 소수점 연산의 횟수)로 기초한다.

- **스크래치**(Scratch): 컴퓨터 프로그래밍 도구로서 8~16세 사이 어린이들이 쉽게 쓸 수 있도록 쉽게 설계했다. 저자와 독자가

양방향으로 소통하는 동화, 게임, 애니메이션 등을 만들 때 필요하다.

- **시냅스**(Synapse): 인간의 신경 뇌세포가 소통하는 것이 의사의 전달체계이다. 컴퓨터 상에서는 입력과 출력 사이의 연결 부위를 말한다.

- **신경소자**(Neuron): 인간의 오감은 신경으로 구성하여 판단하듯 컴퓨터상에서 입력 데이터에 적합한 공식적인 최신 버전을 만든 소자가 다른 소자와 결합하여 해답을 연결하는 신경 회로망의 단일 소자

- **싱귤래리티**(Singularity): 인공지능이 발달해 인간의 지능을 초월하여 스스로 진화하는 기술적 특이점을 뜻한다. AI가 양적으로 팽창하여 질적인 도약을 함으로써 더 이상 인간이 통제할 수 없는 특정 시점을 말한다.

- **아날로그**(Analog): 우리가 사는 세상은 아날로그 신호로 되어 있다. 무한대적인 색깔, 냄새, 소리, 위치 등이 여기에 속한다. 아날로그 신호를 1 초당 수천 개는 디지털 신호로 바꿀 수 있다. 아날로그 신호를 디지털로 바꿔주는 전자회로를 아날로그-디지털 변화 회로(ADC)라 부른다.

- **아바타**(Avatar): 분신, 화신을 뜻한다. 인터넷 채팅, 쇼핑몰, 온라인 게임 등에서 자신을 대신하는 가상 육체로 각광받고 상업적으로 이용 가치가 급증한다.

- **아키텍처**(Architecture): 컴퓨터 시스템의 하드 및 소프트웨어의 구성 요소인 CPU, 내외 기억장치, 각종 레지스터, 제어장치, 입출력 장치, 내외부 버스 구조 등을 어떻게 배치하고 결합시킨 전체 설계 방식을 말한다.

- **알고리즘**(Algorithm): 수 많은 분야에서 주어진 문제를 해결하기 위해 논리적으로 규정된 절차·방법, 명령어들을 집대성한 것

- **약한 AI**(Weak AI): 인간의 능력보다 일을 못하는 AI

- **엑스퍼트 시스템**(Expert System): 성능이 높은 컴퓨터 프로그램의 일종으로서 진단, 계획, 설계 등의 여러 분야에 쓰이는데 특히 전문 직종에 널리 쓰인다.

- **오토 파일럿**(Auto-Pilot): 선박이나 항공기의 자동조종장치. 통신 소프트웨어 등에서 네트워크에 접속하여 자동 조작이 가능한 기능. 매크로 언어(명령어)를 사용하며, 사용자가 원하는 조작 순서를 간단하게 자동화할 수 있는 유틸리티도 있다.

- **인공 감정 지능**(AEI: Artificial Emotional Intelligence): 인간이 기뻐하거나 슬퍼할 때 발생하는 뇌의 작용을 프로그램으로 재현하는 것. 인공지능이 사람의 표정, 심박수 등을 통해 인지 추를 능력의 감정 상태로 파악하고, 이를 바탕으로 감정의 교류가 구현된 인공지능을 의미한다. 즉, 감정 생성 및 인지 엔진

- **인공신경망**(Artificial Neural Network): 인간 두뇌의 신경으로 연결된 것을 구현한 컴퓨터 시스템이다. 구조나 기능에 따라 다양하지만 일반적인 것은 한 개의 입력층과 출력층으로 이루어져 있다.

- **인공지능**(AI: Artificial Intelligence): 인간의 뇌의 신경망을 복제하여 지능을 지닌 사람처럼 작업하는 것

- **자율주행**(Autonomous Driving): 사람의 간섭없이 각종 모빌리티가 스스로 판단하여 출발, 정지, 주행, 작업 등을 안전하게 수행하는 기술을 말한다. 자율주행 레벨은 레벨0~레벨5까지 6단계로 규정하고 있다.

- **주변부 근로자**: 핵심무 근로자가 개발한 알고리즘 서비스를 개선 및 관리하는 운영자 그룹

- **중앙처리장치**(CPU: Central Processor Unit): 컴퓨터 프로그램의 명령어의 해석과 다양한 입력 장치로부터 자료의 연산이나 비교 등의 처리를 제어하고 모든 과정을 연산하는 장치

- **챗 GPT**(Chat Generative Pre-trained Transformer): 딥러닝 인공신경망을 기반으로 한 언어 모델로 AI의 학습 중 조정되는 대량의 데이터를 기반으로 한 다양한 주제로 대화할 수 있는 오픈 인공지능 서비스. 실생활에 문서 분류작업, 전문분야 지식제공, 작사·작곡, 간단한 코딩의 프로그래밍에 활용할 수 있다.

- **크리에이터**(Creator): 창작자라는 뜻이다. 온라인 플랫폼이나 유튜브에 콘텐츠를 제작하고 동영상을 생산하고 올리는 이를 지칭한다.

- **파이썬**(Python): 고급 프로그래밍 언어, 프로그래밍 초보자에게 추천되는 언어로서 문법이 배우기 쉽고 결과를 바로 확인할 수 있다.

- **프레카리아트**(Precariat): '불안전하다(Precario)' 와 '프롤레타이트(Proletariat)' 를 합친 신조어.
  AI 발달로 새로운 형식의 생명체로 성장해 인간의 노동 시간이 플랫폼 등에 종속되어 잠식될 것이라는 말.

- **프로그램**(Program): 컴퓨터에 처리시키는 작업의 순서를 명령어를 작성하는 것

- **플랫폼**(Platform): 말 뜻은 기차역의 승강장 또는 무대·강단 등을 말한다. 컴퓨터 실행 프로그램이 작동할 수 있는 기본 프로그램.

- **플로차트**(Flow Chart): 컴퓨터 순서도 상에서 연산이나 데이터, 경로, 장치 등을 알기쉽게 표시하여 사용되는 기호들

- **플롭스**(FLOPS: Floating-Point Operations Per Second): 컴퓨터의 연산 속도. 즉, 성능을 나타낼 때의 단위로서 1초에 백만번의 부동 소수점을 연산 처리될 수 있다는 것을 의미

- **하드디스크드라이브**(HDD: Hard Disk Drive): 컴퓨터에 이전 데이터(0,1)를 저장하기 위한 비휘발성 대용량 보조 기억 장치, 읽기, 쓰기, 저장 등을 제어하는 기계 장치로서 흔히 '하드 디스크' 라 칭한다.

- **핵심무 근로자**: 소프트웨어 개발자와 기획자·디자이너·데이터분석가 등이 플랫폼 경제에서 고속득을 거두는 근로자를 말한다.

여기에 수록한 용어 중 본문에는 없지만 이해력을 돕기 위해 새로운 용어들도 추가하였습니다.

AI 디지털 교과서 시대가 궁금해요!
그럼, 인공지능 IQ는 얼마지?

초판 펴낸날 2025년 1월 10일

日 감수 **木脇太一** 키와키타이치
지은이 **山口由美** 야마구치 유미
韓 감수 **김재휘**
번역 최영원

펴낸곳 주니어골든벨 | **발행인** 김길현
편집 · 디자인 조경미, 박은경, 권정숙 | **제작진행** 최병석 | **웹매니지먼트** 안재명, 양대모, 김경희
공급관리 오민석, 정복순, 김봉식 | **오프라인마케팅** 우병춘, 이대권, 이강연 | **회계관리** 김경아

등록 제1987-000018호
주소 서울시 용산구 원효로 245(원효로 1가 53-1) 골든벨 빌딩 5~6F
전화 도서 주문 및 발송 02-713-4135 / 회계 경리 02-713-4137
      내용 관련 문의 02-713-7452 / 해외 오퍼 및 광고 02-713-7453
홈페이지 www.gbbook.co.kr
ISBN 979-11-5806-738-0
정가 17,000원